JN223485

筆保弘徳／山崎哲／堀田大介／釜江陽一／大橋唯太
中村哲／吉田龍二／下瀬健一／安成哲平

ニュース・天気予報が よくわかる 気象 キーワード 事典

はじめに
平成史に刻まれたお天気ワード

　平成時代が静かに幕をおろしました。この30年間をふり返ると、多くの方が気象災害に翻弄され、そして天気に対する意識が大きく変わった時代だったのではないでしょうか。

　興味深いデータがあります。毎年の暮れ、その年に世間を騒がせたワードが、ある書籍の読者や選考委員会が選定する「新語・流行語大賞」として発表されます。平成にノミネートされた言葉を見てみると、お天気ワードがなんと多いことか。1990（平成2）年に、今では当たり前に使われるようになった「気象観測史上はじめての」が特別賞（年間多発語句賞）として選ばれたのを皮切りに、ノミネートを含めてお天気ワードは10語も挙げられています。3年に1語も挙がるお天気ワードは、政治や経済、さまざまなカルチャーのなかでも際立って多い分野です。

　ノミネートされているお天気ワードを分析してみると、「酷暑（猛暑）」、「ヒートアイランド」、「猛暑日」、「災害級の暑さ」といった、暑さに関するワードが多いのがわかります。まさに、地球温暖化が騒がれるようになり、暑さに対して敏感となったのもこの平成時代でした。また、「ゲリラ豪雨」、「線状降水帯」という、雨に関するワードもあります。記憶に新しい平成30年7月豪雨のように、高精度の予測ができるようになった現代でも、我々は豪雨に悩まされつづけています。「爆弾低気圧」や「$PM_{2.5}$」といった災害をもたらす大気現象のワードも選出されていました。

どのお天気ワードも、専門家の間では昔から存在した気象学用語だったのですが、みなさんの意識が高まったことで注目を浴びたのでしょう。

このように、古くから災害に見舞われてきたわが国においても、お天気ワードや気象災害がニュースになってこれほど飛び交っている時代はなかったことでしょう。そしてこれから未来では、どんなお天気ワードが世に広がっていくのでしょうか？　令和という時代を生きるみなさんは、いまこそ、耳にして気になっていた気象ワードの本当のところを知りたいと思いませんか？

そこで今回は、世間で注目される、またはこれから注目されるかもしれないお天気ワードに関して、わかりやすい解説と最新の知見を提供したいと思います。これまでの空企画シリーズ「わかっていることいないこと」での、研究者が自分の専門を語るスタイルと一線を画し、ニュースワードを軸足に執筆しています。ただ

年	天気用語	結果	その年の大賞
平成 2 (1990) 年	気象観測史上はじめての	特別賞	ファジィ
平成 6 (1994) 年	酷暑(猛暑)	ノミネート	すったもんだがありました
平成10(1998) 年	ラニーニャ現象	ノミネート	だっちゅーの
平成13(2001) 年	ヒートアイランド	ノミネート	骨太の方針
平成19(2007) 年	猛暑日	トップテン	ハニカミ王子
平成20(2008) 年	ゲリラ豪雨	トップテン	アラフォー
平成24(2012) 年	爆弾低気圧	トップテン	ワイルドだろぉ
平成25(2013) 年	PM$_{2.5}$	トップテン	今でしょ
平成29(2017) 年	線状降水帯	ノミネート	インスタ映え
平成30(2018) 年	災害級の暑さ	トップテン	そだね

し今回も、気象学や天気予報の研究で活躍する新進気鋭の若手研究者が集結し、最先端の知見を解説しました。

　まず始まりの第1章では、「猛暑」や「大寒波」などの異常気象にまつわるキーワードを紹介します。異常気象は、地球全体を巡る大きなスケールを持つ現象です。異常気象はどのようにして起きるのか、異常気象を引き起こす気象現象について、熱帯・中緯度・北極が得意な3名の気象学者が解説します。

　第2章は、もっとも注目度の高い「地球温暖化」について。異常気象と地球温暖化との関係は？ 北極の海氷が減るとどうなるのか？ そして、地球温暖化防止に向けた取り組みとは？　地球温暖化研究のスペシャリスト2名が温暖化にまつわるニュースワードを解説します。

　第3章では「生気象」についてのキーワードをご紹介。生気象とは、我々の生活や身体にもっとも身近な気象です。たとえば「熱中症」や「インフルエンザの流行」、さらに近年注目度が高まる「PM$_{2.5}$」や2019年の夏にも話題になった「森林火災」など、さまざまなニュースキーワードが登場します。

　続いて第4章では、天気予報や気象学者の研究に欠かせない「シミュレーション」について。そもそもシミュレーションとは何なのか？ シミュレーションと天気予報の関係は？　天気予報を支える「スーパーコンピュータ」とは？　「京」コンピュータで研究を行なった経験のある専門家が、ややマニアックに解説します。

　第5章は天気予報の仕組みが明らかにされます。天気予報はどのようにしてつくられているのか？ 精度向上の鍵は何か？　最近よ

く耳にする「機械学習」や「人工知能（AI）」と天気予報は関係があるのか？　そして観測と天気予報を結びつける「データ同化」とは何かについて、現役の気象庁職員が解説します。

　最後に第6章で「台風」や「ゲリラ豪雨」といった、凄まじい風・雨についてのキーワードを紹介します。テレビのニュースでもよく目にするような気象災害に直結する気象現象についての最新の知見を、気象災害の研究に邁進する研究者が紹介します。

　また、ニュースキーワードにまつわる研究者たちのショートコラムを用意しました。研究者たちがどのようにしてニュースワードとなる気象災害・現象と出会ったのか、深く研究するようになったのか、これらのコラムを読んでもらい、「これから気象の研究を自分もやってみたい」という高校生や大学生が現れてくれれば、執筆者一同、望外の喜びです。

　平成から令和へ。新たな時代では、どんなお天気ワードがみなさんの関心を引くのでしょうか！

2019年10月　　筆保弘徳　山崎哲

「ニュース・天気予報がよくわかる気象キーワード事典」 contents

第3章 気候は生活にどのような影響を及ぼしているのか?

第6章 災害と直結、激しい大気現象の正体!

執筆者

第 1 章
  山崎 哲（1.1・1.2 節、ニュースキーワード 1・6・8・10・11）
  中村 哲（1.3 節、ニュースキーワード 2 〜 5・7）
  釜江 陽一（1.4 節、ニュースキーワード 9）

第 2 章
  釜江 陽一（2.1 〜 2.4 節、ニュースキーワード 12 〜 16）
  中村 哲（2.5 節、ニュースキーワード 17 〜 19）

第 3 章
  大橋 唯太（3.1 〜 3.3 節、ニュースキーワード 20 〜 24）
  安成 哲平（3.4 節、ニュースキーワード 25・26）

第 4 章
  吉田 龍二（4.1・4.2・4.4 節、ニュースキーワード 27 〜 31）
  堀田 大介（4.3 節）

第 5 章
  堀田 大介

第 6 章
  筆保 弘徳（6.1・6.4 節、ニュースキーワード 43 〜 45）
  下瀬 健一（6.2・6.3 節、ニュースキーワード 39 〜 42・46・47）

第1章

30年に一度？
異常気象の
仕組みに迫る！

1.1——そもそも、異常気象とは?

2018年は、日本で2つの異常気象が発生しました。一つ目は、夏に起こった、西日本を中心とした広域での大雨とその後の高温。もう一つは、その前の冬に起きた、全国的な低温と、日本海側広域での記録的な降雪と積雪です。

異常気象は我々の生命や財産を脅かす脅威であり、多くのメディアでニュースとなります。その一方で、異常気象がニュースとなるとき、それは温暖化の影響なのか? ということがしばしば問題になります。異常気象と温暖化はまったく別の現象ですが、両者は無関係ではありません。

■ 異常気象＝「稀に起こる気象状態」

異常気象を数値で厳密に定義するのは困難ですが、一般には、ある特定の場所や地域でたまに起こる気象状態のことを指します。

気象庁では、「ある場所（地域）・ある時期（週、月、季節）において30年に1回以下で発生する現象」と定義しています。これは、同じ場所（たとえば、東京や沖縄）に住んでいる一人が、一生のうちに数回しか経験しないような気象であると言いかえられます。

■ 猛暑だけではない異常気象

異常気象には、さまざまな気象状態が含まれます。そのため、気温に限らず、降水量や日照時間などに関して発生することもあります。

異常気象と聞くと、特に猛暑や豪雨といった、気温や降水量などの「正の偏差」（平年より大きい状態）を想像するかもしれませんが、平年の気象状態である気候（ニュースキーワード11、56ページ）

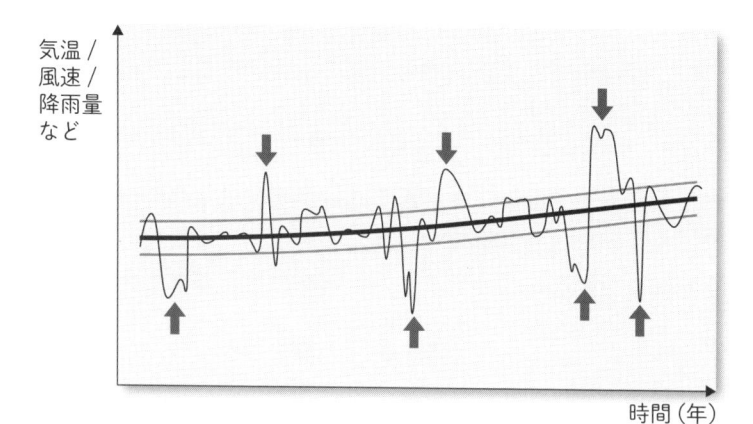

▶**図1**　ある場所のある季節での気温、降水量などの長期変化（年ごとの変化、細線）の概念図。黒太線が数十年分を平均した気候状態、灰色線はそれにプラスマイナスの定数（標準偏差）を足したもの。異常気象は、気候状態から大きくはずれた状態（矢印）を示し、地球温暖化は、黒太線の傾きに相当する。

から大きくずれているものはすべて異常気象に含まれます。そのため、通常よりも気温の低い状態、たとえば冷夏や寒い春、そして干ばつや寡照（かしょう）といった、降水量や日射量の「負の偏差」も、平年から大きくずれて現れれば、異常気象とよばれます（図1）。

■■■ 異常気象と地球温暖化は同じ?

　異常気象が起こると、真っ先に地球温暖化を連想するかもしれませんが、異常気象と地球温暖化はまったく別のものです。なぜなら、地球温暖化と異常気象は、時間スケール・空間スケールがまったく異なる現象だからです。

　時間スケールに関しては、地球温暖化は数十年〜百年規模で、異常気象は一つの季節より短い時間スケールで起こる現象です。

15

空間スケールは、地球温暖化は地球全体、異常気象は一つの国や一つの大陸規模で起こり、異常気象のほうがより地域的な現象であるといえます。

　しかし、地球温暖化と異常気象には何の関係もないかというと、決してそうではありません。地球温暖化はその時空間スケールの大きさから、異常気象を包括しており、異常気象の起こりやすさや強さに影響を与えることが明らかになってきています。詳細は、ニュースキーワード14（88ページ）をご参照ください。

■■■ 異常気象は複合的要因で起こる

　異常気象は、ある特定の地域の、特定の観測量（気温、降水量、あるいは降雪量など）に限定すれば、めったに起こらないのですが、じつは、世界のどこかで、いつも異常気象が発生しています。これは、異常気象が、いくつかの大気・海洋現象が合わさって起こるためです。

　異常気象を引き起こす大気・海洋現象として、「エルニーニョ」（ニュースキーワード9、50ページ）、「ブロッキング」（ニュースキーワード6、42ページ）、「北極振動」（ニュースキーワード3、35ページ）などの、大気や海洋の巨大な「ゆらぎ」の存在が明らかになっています。

　これらの現象は、非常に広い範囲でゆっくりと進んでいく現象なので、雲や雨などのように直接目で見ることができず、認知しにくいのですが、昔から存在し、しばしば発生しています。

　異常気象は、これらのゆらぎ現象がいくつか複合的に合わさることで発生します（図2）。これらの巨大なゆらぎのいくつかの複合が、地球上のどこかではいつも起こるので、地球全体で見ると、地球のどこかで常に異常気象が発生しています。

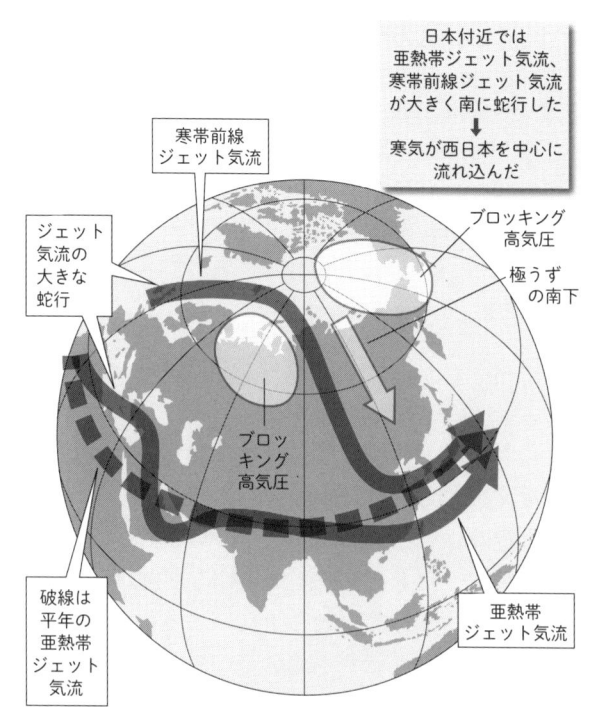

ジェット
気流の
大きな
蛇行

寒帯前線
ジェット気流

日本付近では
亜熱帯ジェット気流、
寒帯前線ジェット気流
が大きく南に蛇行した
↓
寒気が西日本を中心に
流れ込んだ

ブロッキング
高気圧

極うず
の南下

ブロッ
キング
高気圧

破線は
平年の
亜熱帯
ジェット
気流

亜熱帯
ジェット気流

▶**図2**　2017/18年の冬季は日本が全国的に低温に見舞われ、福井などの日本海
側は平年の数倍にも及ぶ積雪が観測された。これも日本で起きた一種の異常気
象。この図は、その要因を気象庁が中心になって分析・検討した例。ここで
は、ジェット気流の大きな蛇行（1.2節）、ブロッキング（ニュースキーワード
6、42ページ）といった、異常気象を引き起こしたいくつかの要因を示してい
る。このように、一般に異常気象は、複数個の要因が合わさって発生する。気
象庁「平成30年冬の天候の特徴とその要因について」（2018年3月5日発表）の
一部の図をもとに作成。

【**参考文献**】　気象庁「気候・異常気象について」https://www.jma.go.jp/jma/kishou/know/
faq/faq19.html
気象庁「異常気象分析検討会 資料」https://www.data.jma.go.jp/gmd/extreme/index.html
江守正多『異常気象と人類の選択』角川SSC新書、2013年

1.2——偏西風が異常気象を引き起こす?

■■■ 中緯度を一周する風の帯

　偏西風とは、対流圏上層（高度5〜10 km）を吹く、中緯度帯を一周する東向きの気流のことです（図1）。偏西風の向きは、北半球・南半球ともに一緒で、地球の自転の向きと同じ方向に吹いています。高度とともに風速はだんだん強くなり、高度10 kmの対流圏界面（対流圏と成層圏の境目）くらいで風速が最大となります。

　偏西風の興味深いところは、1本の帯のように中緯度を巡っているのですが、場所（経度や緯度）や季節によって吹き方が異なることです。そのため、偏西風は同じ緯度帯なら同じ強さで吹いているわけではなく、たとえば日本の上空とスペインの上空とでは、同じ緯度でも違う強さの偏西風が吹いています。

　また、局所的に、たとえば日本の上空などでは、時に時速数百kmに達することもあり、周りよりも強いこういった偏西風の場所を「ジェット」とよびます。ちなみに、時速何km以上という厳密な定義はありません。

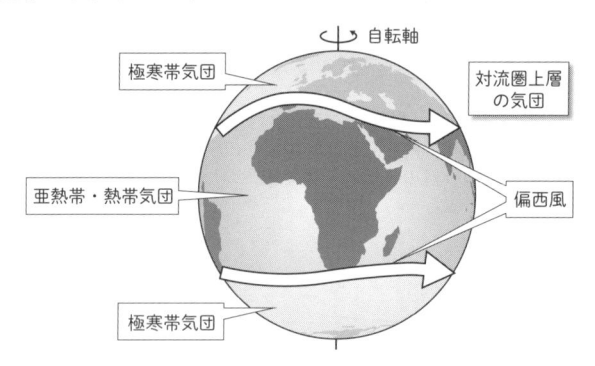

▶**図1**　地球上に偏西風の帯が南北両半球を流れているイメージ図。偏西風が、亜熱帯気団と極気団を分断するように流れている。

■ 偏西風はゆっくりと蛇行する

　偏西風の帯は、ずっと同じ場所に位置するわけではありません。季節によって流れる緯度が移動したり、形状を変化させたりします。これを、偏西風の蛇行とよんでいます。

　偏西風の蛇行は、北半球のほうが南半球よりも大きいことが知られています。その理由は、大まかには、北半球のほうが南半球よりも山脈が多いことと、中緯度あたりでの大陸の面積が大きいことに関係しますが、詳細はもっと専門的な書物をご参照ください。

　偏西風は、一つの季節の間にもその形状をゆっくりと変化させています（図2）。おおよそ1週間程度の時間で蛇行の形状を変えています。中緯度帯を一周する間に、2本に分かれたり、大きくうねったり、局所的に強まったりしています。

　さらに興味深いことに、5000〜1万kmといった、太平洋を横断するくらいの規模で、大きく極側に蛇行することもしばしばあります（ニュースキーワード6、42ページ）。

　また、偏西風の帯の一部が中緯度から赤道側に切り離され、低気圧回転（反時計回り）する渦をつくることもあります。これを「寒冷渦」とよびます。

　このような蛇行の変化にはさまざまな要因が関係しており、「これが原因だ！」とは明言できません。偏西風の形状の変化は、熱帯での積乱雲の活動や成層圏の流れなど、複数の要因が重なって起こります。

　ただし、偏西風は、まるで縄跳びの紐のようにうねうねし、そのうねうねが偏西風の帯を伝わっていきます。この偏西風の蛇行は、長い時間、気団をある場所にとどめたり、移動性（温帯）低気圧の経路を変えてしまったりします。

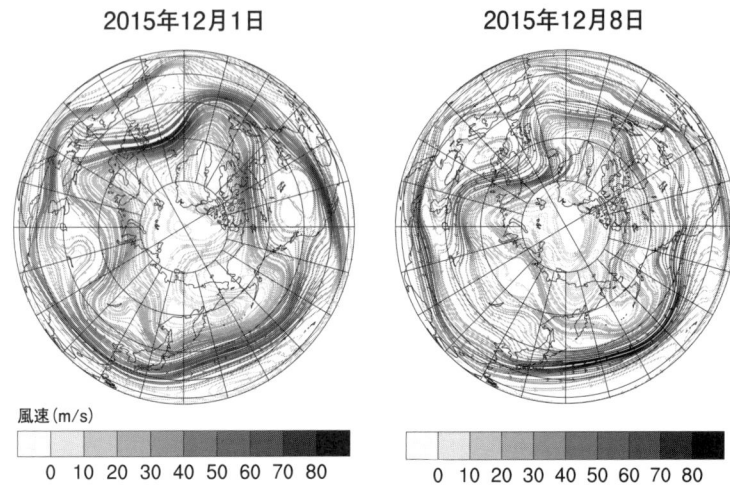

2015年12月1日　　　　**2015年12月8日**

風速(m/s)

0 10 20 30 40 50 60 70 80　　0 10 20 30 40 50 60 70 80

▶**図2**　地球を北極点のはるか上空から見たとき（ポーラーステレオ図）の偏西風の流れの様子。日本列島は下側左あたりに位置している。高度約10 km（250 hPa）での風の流れと風速（陰影）を示していて、偏西風は中緯度帯での強い風速域として、反時計回り（自転の向き）に吹く。左図は2015年12月1日の様子で、右図はその1週間後の様子。

■■■ 気団を分割する偏西風

　対流圏上層は、大まかに2つの気団に分かれています。一つは熱帯域に広がる温かい亜熱帯気団で、もう一つは極をすっぽりとおおう冷たい極寒帯気団です。偏西風は、それらの気団を分割するように吹いています（図1）。偏西風の蛇行は、言い方を変えると、亜熱帯気団と極寒帯気団のせめぎ合いということもできます。

　たとえば、日本の上空で偏西風が蛇行して、極寒気団の影響下に入ると、寒波などの極の寒冷な空気が入りやすくなります。冬に天気予報でよく耳にする、「日本の上空に強い寒気が侵入し……」といった状況は、まさにこういった状態に相当します。逆に亜熱

帯気団の影響下では熱帯起源の温暖・湿潤な大気が入りやすくなります。

　こういったことから、偏西風の蛇行は寒波や熱波などの異常気象に密接に関係します。

■■■ 温帯低気圧を生み出す偏西風

　偏西風は、同じ中緯度帯に存在する温帯低気圧に、大きく2つの影響を与えます。一つは、低気圧を「運搬」することです。春や秋、冬などに日本にやってくる低気圧や高気圧は、偏西風に乗って東へと動いていきます。そのため、移動性低気圧・高気圧とよばれます。同様に、秋には、中緯度へと北上した台風を東側に運搬する役目も持っています。

　そして、もう一つの特徴は、南岸低気圧（ニュースキーワード8、48ページ）のような温帯低気圧を「生み出す」ことです。これは、1940年代に発見された、気象力学の理論に基づくもので、温帯低気圧は、大まかには偏西風の強さに比例して発達しやすくなることが知られています。この理論は、発見者の名前をとって、「イーディー・チャーニーの傾圧不安定理論」とよばれます。偏西風が特に強い日本〜北米西岸域（太平洋）と、北米東岸〜ヨーロッパ（大西洋）で、温帯低気圧の活動が活発なのは、それに由来しています。

【参考文献】　高谷康太郎「偏西風の蛇行と異常気象」『異常気象と気候変動についてわかっていることいないこと』、ベレ出版、2014年、65-108ページ
　稲津将「温帯低気圧の研究」『天気と気象についてわかっていることいないこと』ベレ出版、2013年、17-56ページ
　高藪出「温帯低気圧の力学」『気象研究ノート』第198号、2000年

1.3——北極の流れが
異常気象を引き起こす?

　北極は雪と氷に覆われ、特に冬は、極夜といわれ、太陽の光が一切届かない、暗く閉ざされた世界です。南極には陸地（南極大陸）があり、昭和基地などに人が定在していることを考えると、北極は人類が行くことが世界でもっとも困難な地域であるといってもいいかもしれません。

　とはいえ、日本から欧米へ渡る航空機路線は北極付近を通ります。冬には機外の景色にオーロラを見たことがある人もいるかもしれませんね。オーロラと違って目には見えませんが、北極の大気は波動活動（気圧の谷と尾根のつらなり）を通して、世界各地の気候、そして宇宙の入り口である成層圏（ニュースキーワード2、33ページ）へ影響を及ぼしています。まさにゆらゆらと揺れ動くオーロラのカーテンのような大気の波が、東西南北上下に離れた地域へと伝わるのです。

■■■ 北極を取り巻く大気のゆらぎ

　北極は、その周囲をぐるっと一周回る偏西風、「極渦」（ニュースキーワード7、45ページ）に囲まれています。極渦は、北極の冷たい空気を北極に閉じ込める役割を持ちます。極渦は、海と大陸の熱コントラスト（温度差）や、ヒマラヤやロッキー山脈などの大規模山岳の地形の影響を受け、蛇行しています。この蛇行が大きくなったときは、北極の冷たい空気を閉じ込める、いわばバリア効果が弱くなり、冬であれば、我々の住む日本や欧米などの中緯度帯を襲う大寒波（ニュースキーワード5、39ページ）の原因となります。

　極渦のようなジェット気流は、地球の回転の影響により、南が高気圧、北が低気圧のときに東向きの流れが強くなります。極渦が蛇行するためには、東向きの流れが弱まる、つまり北が通常よりも高気圧である必要があります。何らかの原因で北極域全体が高気圧になると、周りを取り囲む極渦全体が大きく蛇行することがあります。

　北極域全体の気圧の変化により、極渦の蛇行が強くなったり弱くなったりする現象を北極振動（ニュースキーワード3、35ページ）といいます。北極振動は、冬の大寒波や夏の熱波・冷夏と関係する現象です。特に北極振動による極渦の変化が大きいときには、日本・北アメリカ・ヨーロッパなどで同時多発的に異常気象が起こりやすくなります。

　極渦の蛇行や、北極振動のような大気の変化、いわば「ゆらぎ」は、地球大気が持つカオス性に支配されているため、予測が困難です。5章で詳しく述べますが、日々の天気予報が、せいぜい1、2週間先までしか意味を持たないのと同じで、蛇行や振動の強さをピタリと予測することはできません。

　しかしながら、極渦や北極振動へ影響を与えるような外部要因を知ることで、それが大気のカオス性よりも長い変動周期を持つ場合には、蛇行や振動が強まるのか弱まるのか、ある程度の傾向については予測できる可能性があります。

■ 雪氷の変化で長期予報

　冒頭で触れたように、北極は雪と氷の世界です。特に北極海の一部は、夏でも海氷（ニュースキーワード4、37ページ）に覆われる多年氷域ですが、海流や気流の影響、そしてもちろん温暖化の影響により、海氷面積は年々変化しています。一方、環北極海の陸地、ユーラシア大陸や北アメリカ大陸は、夏をのぞいて雪に覆われます。

海氷も積雪も、海や大気が冷たいときにその領域が広がりますが、一方で、白い氷や雪は太陽光を反射するため、その存在により周辺が寒くなるフィードバック効果を持ちます（アイスアルベドフィードバック、ニュースキーワード17、95ページ）。

　海氷面積や積雪面積は、夏から冬へと水温気温が下がるとともに拡大するため、変化の時間スケールは、せいぜい1、2週間先しかわからない大気の変動よりも長いのです。つまり夏の海氷面積や秋の積雪面積が大きいか小さいかという情報は、その先の冬まである程度持続します。これを「気候メモリ効果」といいます。

　この気候メモリ効果によって、冬の天候を予測するメカニズムが提唱されています。冬の極渦の蛇行は、暖かい海と冷たい大陸との熱コントラストによって生じています。何らかの要因で夏の海氷面積が小さく、秋に積雪面積が大きい状況が生まれると、その情報は冬まで残ります。すると暖かい海はさらに暖かく、冷たい大陸はさらに冷たくなり、極渦の蛇行が例年よりも強くなります。すると、北極に閉じ込められていた寒気がシベリアへ南下し、日本を含む東アジアで寒波の頻度が増えます。このようなメカニズムで説明される一連の現象は、温暖化に伴う北極海の海氷減少、そして近年の、暖冬にもかかわらず寒波による災害がたびたび報告されている状況ともマッチしています。

■■ 無視できない成層圏の役割

　極渦の蛇行は、ジェット気流の高気圧性回転（北半球では時計回りの回転）と低気圧性回転（北半球では反時計回りの回転）が交互に現れるものであり、つまり波動現象として捉えることができます。冬の極渦は、北大西洋からヨーロッパにかけて高気圧性回転「リッジ（尾根）」、シベリアから極東にかけて低気圧性回転「トラ

フ（谷）」という大きなスケールの波構造をしています。このような
スケールの波は、惑星規模の波動「惑星波」と特徴づけられます。

　大気中の波は、光や音波と同じように、波自体の持つエネルギー
を伝播します。惑星波のエネルギーは、おもに東および上空へ伝
播する性質があります。対流圏の上空にある成層圏（ニュースキー
ワード2、33ページ）は空気が薄い、つまり密度が低いため、同じ
エネルギーの波でも、その振幅が大きくなります。成層圏にも北
極を取り囲む極渦が存在します。対流圏から伝播してきた波のエ
ネルギーにより、成層圏の極渦はより大きく蛇行します。この大
きな蛇行により、極渦の外側にあった暖かい空気が流入すると、
北極成層圏は数日で数十℃も気温が上昇することがあります。こ
れを「成層圏突然昇温現象」といいます。

　暖かくなった北極成層圏には、波のエネルギーはそれ以上侵入
できなくなります。そのため、成層圏に現れた極渦の蛇行は、一
転してゆっくりと1ヶ月ほどかけて下方へ伝播していきます。成層
圏から降りてきた蛇行は、シベリアだけでなく北アメリカやヨー
ロッパに存在する極渦の蛇行を強め、北極からの寒気流出を同時多
発的に起こします。つまり、成層圏の活動によって北極振動が誘発される
わけです。このような対流圏を起点とし、成層圏を経由する一連の現象に
より、1、2ヶ月先の寒波の頻度を予測できる可能性があります。

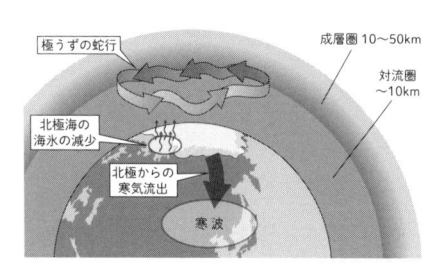

▶**図**　北極の流れの変化と日本の寒波。地表面
（海面）から成層圏までさまざまな流れが影
響している。US CLIVAR（https://usclivar.
org/research-highlights/loss-arctic-sea-
ice-impacts-cold-extreme-events）をもとに
作成。

1.4——熱帯の流れが
　　　　異常気象を引き起こす?

■ 太平洋からの影響

　私たちが毎日の天気予報で目にする、高気圧や低気圧のような大気の流れは、どこか一部が変わると、その影響で別の場所もシーソーのように変わる仕組みになっています。このように、遠く離れた複数の地域の気候が同時に変動する現象を、テレコネクション（遠隔影響、ニュースキーワード10、53ページ）といいます。

　日本から遠く離れた東太平洋では、南米大陸の西海岸からハワイの南海上まで、広い範囲で数ヶ月にわたって海水の異常高温・低温が続くことがあります。これを「エルニーニョ・ラニーニャ現象」（ニュースキーワード9、50ページ）とよびます。エルニーニョ・ラニーニャのときは、熱帯の大気の流れが大きくゆがめられ、熱帯から北や南に向かう流れも大きく変わります（筆保2014）。その結果、普段雨がほとんど降らない場所で雨が降るなど、世界各地で異常気象が発生します。特に北アメリカ、南アメリカ、オセアニア、アジアの国々は大きな影響を受け、日本でも異常気象が起こります。

　太平洋のような海洋の東側と西側で、シーソーが揺れ動くように、水温や気圧が片方で上昇・もう片方で下降する現象は、インド洋や大西洋でも確認されています。特にインド洋の大気と海洋の振動は、アフリカ・南アジア・東アジア・オセアニアの気候を大きく変えるほか、日本の異常気象の原因になることもあります。ただし、世界で起こる異常気象への影響という意味では、太平洋の振動現象がもっとも強いといえます。

■■■ カギをにぎる小笠原高気圧

　熱帯の影響で、日本で夏に異常気象が起こるときには、小笠原諸島の上空に発生する高気圧（小笠原高気圧）の強さがカギになります。10kmほどの高さを持つ小笠原高気圧は、上空を流れる偏西風（1.2節、18ページ）の強さや位置を大きく変え、日本の気候に影響します。

　6月から7月にかけて、小笠原高気圧が強まれば、梅雨前線が北に押しやられ、梅雨が明けます。平年に比べて小笠原高気圧が強い年は、梅雨が長続きせず、日本は全国的に晴天が続き、猛暑が発生しやすくなります。小笠原高気圧は、日本の猛暑を象徴する現象といってもいいでしょう。

　では、小笠原高気圧の強さは、何によって決まるのでしょうか？ じつは、半年前の冬に発生していたエルニーニョ・ラニーニャが関係することがわかっています。

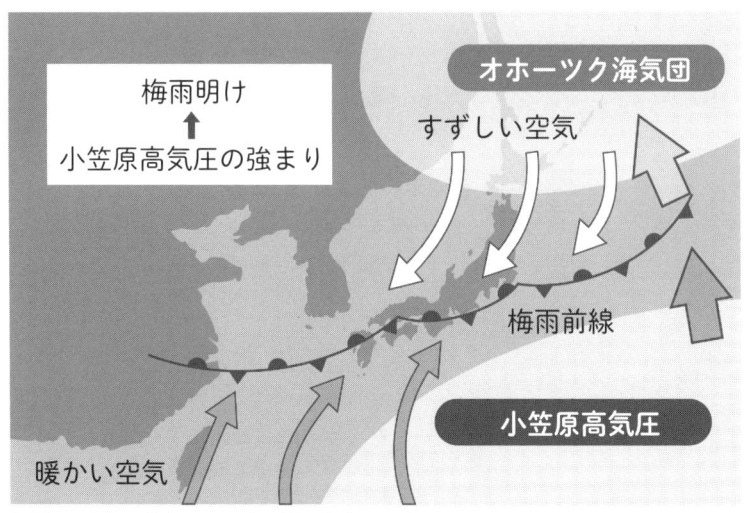

▶**図1**　小笠原高気圧と日本の夏の気候の関係

━━ インド洋の「充電」効果

冬にエルニーニョが発達すると、半年後の夏には、日本で大雨を降らせる梅雨前線が強まり、ときに大きな災害につながることもあります。冬に発達したエルニーニョは、春から夏にはその勢力が弱まりますが、冬の大気の流れを大きく変えることで、遠く離れたインド洋の海水まで大きく影響を受けます。

たとえば、インド洋の上空には雲がたくさん存在しますが、大気の流れが変わった結果、雲が広がりにくくなり、晴れの日が続いて海水の温度が上がります。水は空気に比べて、熱を大きくためこむことができるため、ゆっくりとためこんだ熱の影響で、春から夏にかけてインド洋の水温が上がります。すると、今度はこの暖かいインド洋の影響で、東南アジアからオセアニアにかけての大気の流れが変わり、小笠原高気圧が発達しづらい状態になります。その結果、日本の上空では、例年よりも梅雨前線が強まりやすくなるのです。

このように、巨大な充電器のような役割を果たすことから、この現象は、インド洋の「充電」効果とよばれます。

熱しやすく冷めやすい空気は、熱を受け取って温度が変わっても、すぐに元に戻ってしまいます。しかしながら、熱帯の海と大気の流れが、かみ合った巨大な歯車のように、お互いに影響し合った結果、長く影響が残り、半年後の日本の気候を変えることもあるのです。

気象庁が発表する、数ヶ月先の天候の予報「季節予報」(5章)は、このように気候がゆっくりと変動する性質をもとにしています。半年先の天候を予測できるなんて、面白いですね。

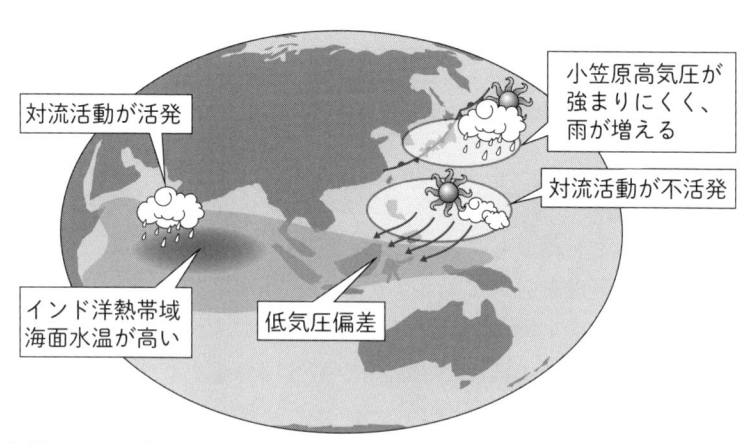

▶**図2** インド洋の充電効果

【**参考文献**】 筆保弘徳（編）『異常気象と気候変動についてわかっていることいないこと』ベレ出版、2014、24ページ

熱帯・中緯度・極域

　第1章では、中緯度、熱帯、極域それぞれの流れが異常気象と関係することを紹介してきました。ではそもそも、どうして熱帯と中緯度と極域を分けて考えるのでしょうか?

　熱帯・中緯度・極域では、それぞれで異なる大気現象が起こっていて、それがその緯度帯の気象や気候に影響を与えています。そして、熱帯や極域の大気の循環（流れ）が、遠く離れた日本のある中緯度に影響を与えています（1.3節、1.4節）。

　緯度帯によって異なる大気現象が生じる理由はおもに2つあります。ひとつめは、地球の自転による「コリオリ力」が緯度によって異なることです。コリオリ力とは、地球の自転によって大気や海流に働く力です（6.1節、232ページ）。コリオリ力は $2\Omega \sin \phi$（Ω は自転の角速度で一定値、ϕ は緯度）で表されます。つまりコリオリ力は、熱帯域では0に近くなり、緯度が高いほど強くなります。これは、熱帯ではコリオリ力が働かず（ない）、中緯度と極域では働く（ある）、ということを意味します。

　コリオリ力の有無によって、熱帯と、中緯度及び極域での総観規模（水平方向の大きさが1000〜1万km）の大気現象の性質が大きく異なります。たとえば、中緯度と極域を合わせて「温帯」（extra-tropics、つまり熱帯である tropics 以外という意味）とよぶことがあります。温帯低気圧は中緯度と極域に存在するため、そうよばれています。逆に、「成層圏準二年振動」（ニュースキーワード2、33ページ）といった、熱帯でしか存在できない大気現象もあります。

　ふたつめは、太陽からの入射量の差異によって生じる、大気の南

北方向の大循環、子午面循環の影響です。子午面循環には、大きく分けると、熱帯と中緯度の間で生じるハドレー循環と、極域と中緯度の間に生じる極循環があります。ハドレー循環は、熱帯での積雲活動などにより生じた上昇流が、主に対流圏上部を通じて中緯度に向かう流れで、極循環は、極の寒気などが対流圏中・下層で極域から中緯度へと向かう流れです。これらの循環系は、熱帯や極域での大気現象が中緯度の気象や気候に影響を与えるきっかけをつくります。

また、近年では、対流圏上層で起こる中緯度の偏西風の蛇行が、熱帯や極域の循環とお互いに影響しあい（相互作用）、偏西風の流れが変わってしまうこともわかってきました。たとえば、中緯度と極域の相互作用として、極渦（ニュースキーワード7、45ページ）といった現象があります。

子午面循環の研究の歴史は古く伝統がありますが、まだその完全な理解は得られておらず、いまでも気象学の第一級の課題です。そ

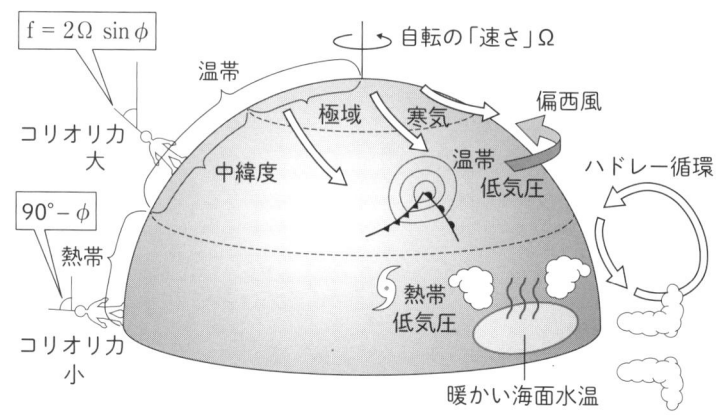

▶**図**　熱帯、中緯度、極域の違い。

れは、子午面循環が、対流圏だけでなく、成層圏や海洋をも巻き込んだ大きなシステムの中で起こっている多種多様な諸現象の、さまざまな時空間スケールの相互作用によって構成されているからです。ニュースキーワード2「成層圏」、ニュースキーワード5「寒波」（39ページ）、ニュースキーワード9「エルニーニョ」（50ページ）でもこういった研究の一端を紹介しています。

【参考文献】　岩崎 俊樹「温位面での質量重み付き帯状平均（MIM）の世界［波動平均流相互作用から見た大気大循環］」『天気』2009年、103–121ページ

ニュースキーワード 2
成層圏

　我々が生活する地表から上空10km程度までの大気層を対流圏といい、さらにその上の高度10〜50km程度までの大気層を「成層圏」といいます。成層圏という単語は聞きなれないかもしれませんが、普段我々が利用する航空機の巡航高度はおおよそ10kmであり、成層圏の底を飛んでいます。窓の外に見える空の青さ。あれは成層圏から見た空の色だと思えば、意外と身近に思えるかもしれません。

　成層圏にはオゾン層があり、太陽からの有害な紫外線を吸収することで、地表への紫外線到達を低減させていることはよく知られています（関口 2001）。オゾン層が紫外線を吸収するときの光化学反応により熱が放出されるため、成層圏では上部へ行くほど気温が高くなります。このため、成層圏では対流混合（大気が対流によりかき回されること）が起こりにくく、その名の通り安定した層であると考えられてきました（対流圏は逆に上部へ行くほど気温が低いため、対流混合が起こりやすく、不安定な層といえます）。

　一方で、成層圏では対流圏とは違ったダイナミックな現象が起こります。たとえば、冬の北極では、下部成層圏はマイナス50℃もの低温になりますが、これがわずか数日のうちに数十℃も気温が上昇し、ときには気温がプラスになることさえあります。これを「成層圏突然昇温」現象とよんでいます。この現象は、対流圏のブロッキング現象（ニュースキーワード6、42ページ）や北極振動（ニュースキーワード3）のような現象と密接に関わっていて、特に冬の日本や北米に寒波をもたらす要因となることが注目されています。

　また、熱帯の成層圏では、（自然が起こす現象としては驚くほど）

規則的に約1年ごとに東風と西風が交互に吹く「成層圏準二年振動」という現象が起こります。この振動に伴って、熱帯成層圏が東風のときは、遠く離れた北極では、先に述べた突然昇温現象が起こりやすくなるという関係も知られており、成層圏は熱帯と北極をつなぐ架け橋の役割も担っているともいえます。

　成層圏は空気が薄く、気温も低く、一般的に生物が活動できる場所ではありません。しかしながら、生物圏界面（地球の生物活動が大気中のどこまで広がっているか）という比較的新しい概念に基づいた捕獲実験によれば、成層圏大気の中にもわずかながら微生物が存在するようです。対流圏から大気の流れに乗って成層圏まで到達した可能性が考えられます。

　また人間活動にも面白い記録があります。エンジンを持たずに自然の力だけで滑空するグライダーの到達高度の世界記録はなんと22km。成層圏には（ほとんど）雲が存在しないため、雲の動きから大気の流れを見ることはできませんが、生物や人間の活動を通した記録からは、成層圏がいかにダイナミズムにあふれた世界であるかがうかがい知れます。

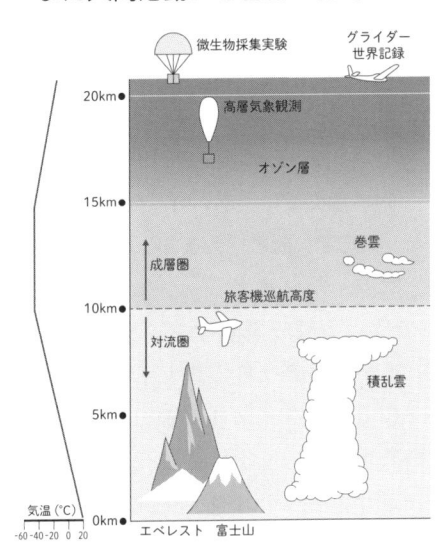

▶**図**　対流圏と成層圏。

【**参考文献**】　関口理郎『成層圏オゾンが生物を守る』成山堂書店、2001年

ニュースキーワード3
北極振動

　インターネットの発達もあって、最近では日本だけでなく世界中の情報をニュースとして受け取る機会が増えてきました。異常気象のニュースも然りです。そんななか、たとえば日本で冬の大雪がニュースとなっているとき、同時期に、もしくは1、2週間前後に北アメリカやヨーロッパでも大寒波の到来が相次いでニュースになるのが多いことにお気づきでしょうか。そのような同時多発的な異常気象を起こす現象が「北極振動」です。

　北極振動は簡単にいえば、北極域とその周辺の中緯度帯の間の気圧差・気温差がシーソーのように振動するテレコネクションパターン（ニュースキーワード10、53ページ）です。北極域が例年に比べて低圧・低温、中緯度帯が高圧・高温となるときを正のフェーズ、反対に北極域が高圧・高温、中緯度帯が低圧・低温となるときを負のフェーズと定義しています。

　2000年以降、冬に北極振動が負のフェーズとなる傾向があり、日本を含む東アジア、ヨーロッパ、北米で大寒波が記録されることが多くなりました。特に最近では、さらに南方の中東やイタリアのナポリなど比較的温暖だった地域でも、数十年ぶりに積雪が観測されています。冬の北極振動が近年、負のフェーズとなる原因はよくわかっていませんが、北極海の海氷（ニュースキーワード4）の急激な減少によって、北極の気候状態が変化したのではないかともいわれています。

　北極振動は夏に起こる異常気象にも強く関係し、冬とは少し違う様相を見せます。たとえば、夏に北極振動が正のフェーズになる

と、ヨーロッパは高圧・高温となり、熱波が観測されることが多くなりますが、東アジア付近では北極振動に伴う高圧部がオホーツク海高気圧を強めるため、日本ではやませ（北日本の太平洋側に吹く、冷たく湿った東風）によって冷夏が多くなります。

　ちなみに、南極にも同様なシーソー現象である「南極振動」があります。南極振動は、南極大陸上空の成層圏にできるオゾンホールの強弱にも関係しています。

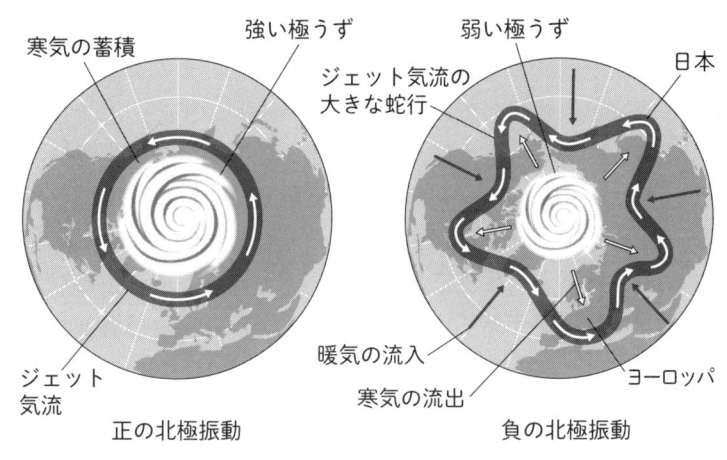

▶**図**　北極振動。

ニュースキーワード 4

海氷

　オホーツク海の流氷見学ツアーなど、冬の海に浮かぶ氷のことを一般に流氷と呼びますが、気象学、気候学では、海水が凍ってできた氷のことを「海氷」とよんでいます。

　オホーツク海や南極海では、冬から春にかけて海水の凍結に伴い海氷に覆われる領域が拡大し、夏には融解によって海氷域は消滅します。このように季節によって海氷があったりなかったりする領域を季節海氷域といい、そこにできる海氷を一年氷といいます。

　一方、北極海は夏でも海氷が解けきらず、季節を問わず分厚い氷の層で覆われる領域が大半を占めます。このような領域を多年氷域、そこにできる海氷を多年氷といいます。

　地球温暖化による影響がもっとも顕著に現れているといわれているのが北極域で、その理由の一つが北極海の海氷域の急激な減少です。北極海の海氷面積は1980年代平均では約720万平方km（年最小面積の平均値）あったものが、現在の最小記録は2012年9月の約320万平方kmとなっています。この30年間での減少面積は約400万平方kmで、これは日本の面積10個分（！）に相当します。

　北極海の海氷域の減少は、シロクマやアザラシの生息圏の減少など、生態系へも深刻な影響があるとされます。加えて、気候への影響も懸念されています。冬の北極海で海氷に覆われた地域では、氷が断熱材の役目を果たし、海からの熱が遮断されるため、気温は$-10 \sim -30{}^\circ$Cにもなります。

　一方、海氷の存在しない地域では、海水温は結氷温度である－

1.8℃までしか下がりません。つまり、海氷のあるなしで十数℃もの気温差が生じるわけです。30年前と現在では、それだけ暖かくなった地域が日本の何倍もの面積も増えています（冬の海氷面積の減少は夏に比べれば小さく、100〜200万平方kmほど）。

　そう考えると、北極海とその周辺の気候は、30年前と比べれば、すでに激変してしまったといっていいかもしれません。実際にそのような北極域の気候状態の変化が、上空にある大気の流れを変えることで、日本の冬の異常気象にも影響している可能性が指摘されています。

　温暖化がこのまま進めば、2050年頃には夏の北極海の海氷はすべて消失してしまうというシミュレーション予測も報告されており、生態系や人間社会へのさらなる影響が懸念されます。一方で、そのような環境変化への対応策として、北極海航路（北極海を通って大西洋側と太平洋側を結ぶ航路）の利用もすでに現実的に計画されています。北極海とそこでの海氷の変化は、気候のみならず政治経済の分野でもホットなスポットとなっています。

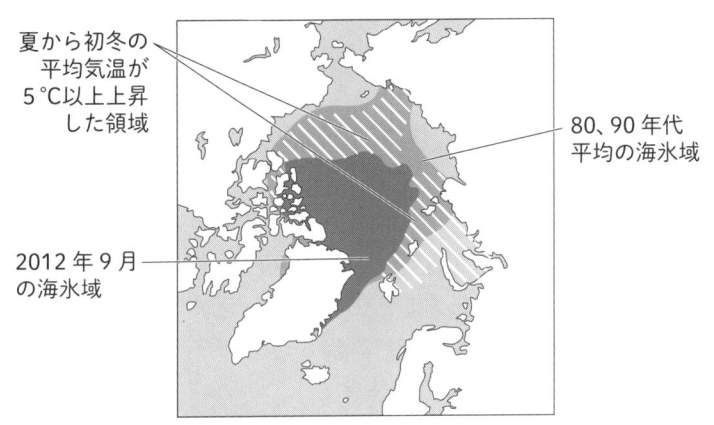

▶**図**　北極海の海氷面積の減少。

寒波

　寒波という言葉は、気象庁によれば「主として冬期に、広い地域に2〜3日、またはそれ以上にわたって顕著な気温の低下をもたらすような寒気が到来すること」と定義されています。まさに波のごとく寒い日が間欠的にやってくるのが寒波です。

　日本にやってくる寒波は、シベリア高気圧（もしくは西高東低の冬型の気圧配置）の強弱に伴って流れ込んでくる、北極やシベリアの寒気がその源です。冬に日本海上で見られる筋雲は、大陸からの寒気が、暖かく湿った海上の空気とぶつかってできるものですが、強い寒波の際には、筋雲が沖縄や台湾にまで到達している様子が見られます。

　シベリア高気圧が強くなる理由はさまざまですが、よく見られるものは、上空を流れるジェット気流の蛇行と連動して強くなる現象です。冬季のユーラシア大陸上のジェット気流は、シベリア上空で大きく蛇行することがあります。この蛇行が強く長引くことをブロッキング現象（ニュースキーワード6）とよび、ブロッキングの下流側である極東域では、北極の寒気が大陸側へ張り出してきます。上空のジェット気流の蛇行によって引き起こされる地上付近の流れは、北極の寒気をシベリアへ運び、さらにそれを南方へと押しやる効果を持ち、日本付近への寒気の吹き出しとなります。

　温暖化に伴う長期的な傾向として、暖冬の年が増えています。一方で、最近では暖冬にもかかわらず、局地的な大雪による災害をもたらすような大寒波がニュースとなることも珍しくありませ

ん。たとえば、2018年2月に福井県などの北陸を中心に記録的な大雪となった平成30年豪雪は記憶に新しいかと思います。また2016年1月には、非常に強い寒波の到来により、沖縄本島で観測史上初の雪を記録しました（実際にはみぞれだが、分類上は雪）。

　近年の非常に強い寒波の到来をよびかける際に、メディアでは「最強寒波」「猛烈寒波」「最強クラスの寒波」などの言葉が使われるようになってきました。最強や猛烈というような言葉は、科学者の間ではあまり好まれませんが、警戒をよびかけるために印象に残るワードとしては悪くないと（少なくとも筆者は）考えています。

　気象庁では過去の記録と積雪予報に基づき「大雪特別警報」を発表します。じつはこれまでに大雪特別警報が発表されたことはありませんが、特別警報には「直ちに命を守る行動を取ってください」とアナウンスされます（ニュースキーワード38、225ページ）。今後も大雪

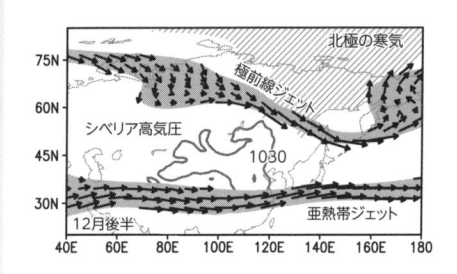

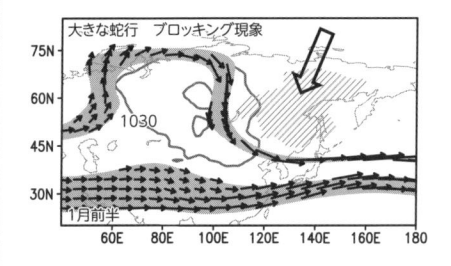

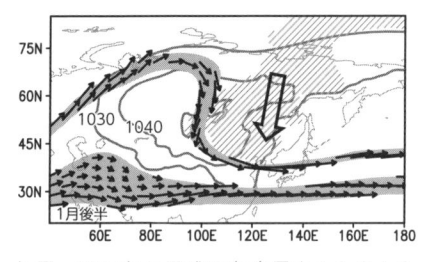

▶**図**　2016年の平成28年豪雪をもたらした寒波に関係する上空の大気の流れ。気象庁55年長期再解析データ（https://jra.kishou.go.jp/JRA-55/index_ja.html）を用いて作図。

特別警報が発表されるような事態が来ないことを願いますが、気象現象は自然のゆらぎ（カオス）のなかでときに大きな変化をし、災害をもたらすような異常気象が起こることがあります（1.1節）。大雪や寒波に限った話ではありませんが、普段の生活のなかで災害に備え、いざというときには命を守る行動を迅速に起こせるよう心がけておきたいものです。

ブロッキング

　ブロッキング、対流圏上層（高度約5〜10 km）で起こる現象で、普段よく目にする地上付近の天気図にはほとんど現れません。しかし、熱波・寒波・干ばつ・豪雪などのさまざまな異常気象を引き起こす主要因となります。そのため、「静かな嵐」とよべる現象かもしれません。

　ブロッキングは、対流圏上層の天気図（高層天気図）で見ると、巨大な高気圧として認識できます（図）。対流圏上層では、中緯度の偏西風帯を挟んで亜熱帯気団と寒帯気団が分布しています（1.2節）。赤道側の亜熱帯気団は気圧が相対的に高く、極側の寒帯気団は気圧が低くなっています。この亜熱帯気団が、極付近まで達するほど大規模につき抜いて入った（貫入した）ものがブロッキング、あるいはブロッキング高気圧とよばれます。この亜熱帯気団の貫入は、気団の間を流れる偏西風帯を大きく変形させるので、偏西風の大きな蛇行が発生します。

　なぜブロッキングは異常気象と関係するのでしょうか？　それはその持続性と関係します。通常の移動性高低気圧は、移動速度が速く、数日程度で違う位置まで移動します。しかし、ブロッキングは、いったん発生すると、1週間〜1ヶ月にわたって停滞・持続する性質があります。そのため、偏西風の蛇行が通常よりも長続きしてしまうのです。気団が通常と異なる位置に停滞したり、偏西風に乗った移動性（温帯）低気圧が通常と異なる場所に移動したり、そして、こういった状態が数週間も長続きしてしまうため、通常と異なる（＝異常な）気象状態が発生するのです。

　ブロッキングの発見は20世紀前半まで遡るといわれています。一般にはブロッキングは知名度の低い現象だと思いますが、高層天気図で見るととても劇的（派手）で、対流圏上層ではある意味「花形」な現象です。高層天気図を何日分も集めてパラパラ漫画のようにアニメーションをつくると、ブロッキングの発生や持続の様子を見ることができます。そのダイナミックさはなんとも美しいものがあり、自然現象に関心のある方々にぜひ一度見てほしい現象です。そして、その壮大さ・優美さのためか（？）、自然はブロッキングのメカニズムの多くを私たちに隠したままです。そのうえ、ブロッキングの発生は天気予報や気候予測の精度を大き

2014年2月8日（ブロッキング有）　　2015年2月8日（ブロッキング無）

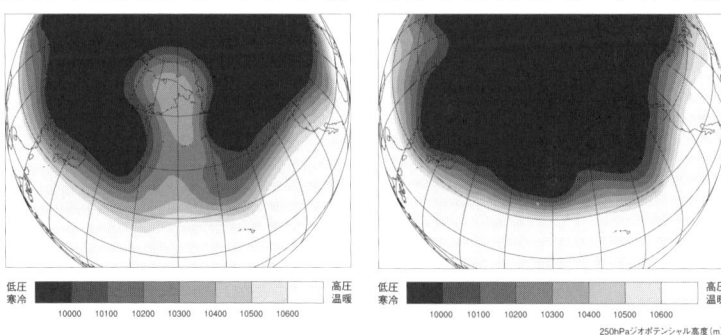

▶図　ブロッキングが起こっているとき（左図）と起こっていないとき（右図）の対流圏上層（250 hPa, 高度約10 km）での天気図（高層天気図）の比較。どちらも同じ2月8日の天気図を示している。明色が亜熱帯気団（高圧部）、暗色が極寒気団（低圧部）を示す。ブロッキングの発生（左）は、亜熱帯気団の大きな張り出しとして認識できる。そして、通常の対流圏上層の様子を示すために、1年後の天気図を右に示す。ブロッキング発生の有無で、まったく違って見える。また、高層天気図は、普段よく目にする地上天気図と大きく異なっている。このときの地上の天気図はどのように見えるか興味ある方は、日本気象学会の機関誌「天気」に、日本付近の過去の地上天気図が掲載され、ウェブ上でも閲覧可能なので、雑誌内の「日々の天気図」を見てください。

く変えてしまう原因にもなっており、予報精度向上の観点からも注目されています。現在も（筆者を含めて）多くの研究者がメカニズムの解明を進めようとしています。

【参考文献】　木本昌秀「気象とソリトン・モドン−気象現象中の孤立波（下）第3部第1章 ブロッキング現象」『気象研究ノート』第179号、1993年、319–367ページ
　山崎哲「渦と渦の相互作用によるブロッキング持続メカニズム」『天気』第62号、2015年、491–509ページ

極渦

　北極（や南極）の冬は、太陽の光が届かず暗く閉ざされた世界になります。この「閉ざされた」という表現は比喩ですが、実際的な側面もあります。太陽光がないため、冬の北極には非常に強い寒気が形成されます。この寒気は北極を取り巻く強いジェット気流にブロックされ、閉じ込められた状態となります。北極を取り巻くジェット気流、これが「極渦」です。

　極渦がどうしてできるかというと、地球大気の性質として、南が暖かく北が冷たいときに、東向きのジェット気流が強くなります（温度風関係）。この性質によって、北極の冬に寒気が形成されると、その周りをぐるりと囲む大気の流れができるわけです。極渦によって閉じ込められた寒気は南の暖かい気団と混ざりにくくなり、北極の空気はさらに冷えていきます。

　北極を取り巻く極渦は、必ずしも円周方向にきれいに流れているわけではなく、楕円のような歪んだ構造をしています。北半球では海と大陸が入り混じって存在するため、南北の温度差の分布が地域的に偏っているからです。また、ヒマラヤやロッキー山脈のような大規模な山岳による気圧分布の偏りも影響します。

　極渦の歪みはときに小さくなったり、大きくなったりします。歪みが大きくなるときは、北極にため込まれていた寒気が外側へ流出します。日本の冬に寒波をもたらす要因の一つが、この極渦の歪みによる北極の寒気流出です。このような寒気流出が北半球全体で同時多発的に起きることがあり、それが北極振動（ニュースキーワード3、35ページ）の負のフェーズに相当します。

成層圏（ニュースキーワード2、33ページ）にも極渦は存在します。冬の成層圏に吹くジェット気流は非常に強く、また海と陸の温度コントラストや地形の影響を直接受けづらい成層圏のほうが、むしろ極渦ははっきりと現れます。成層圏の極渦は対流圏の極渦と密接に関わっています。先ほど述べた極渦の歪みは大気中を伝わる波として成層圏に伝わり、成層圏の極渦を大きく歪ませます。この歪みが強いと、成層圏突然昇温という現象が起こります。

　また、成層圏の極渦の歪みが大きくなると、対流圏の極渦の歪みと同調することがあります。このとき歪みはさらに大きくなり、北極からの寒気流出も強くなると考えられています。このような同調は成層圏－対流圏結合とよばれ、2000年以降の北極の温暖化に伴って、その結合度合いが強まっているのではないかともいわれています。

　南極にも極渦は存在し、特に南極成層圏にできる極渦は、オゾンホールの生成・消滅と深い関わりがあります。ここでは詳しく述べませんが、強い極渦によって閉じ込められた寒気によって、オゾン層を破壊する化学的な性質を持った雲（極成層圏雲）が発達し、オゾンホールができます。北極にはオゾンホールは存在しないと考えられていましたが、2011年3月には非常に強く安定した極渦が北極成層圏に存在したため、北極でもオゾンホールが観測されました。

成層圏の極渦

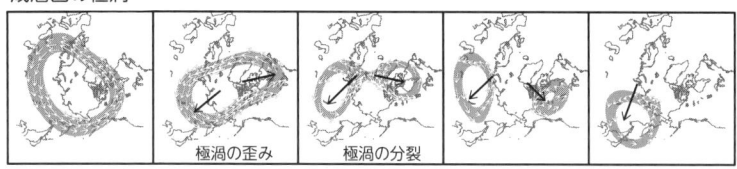

対流圏の寒気

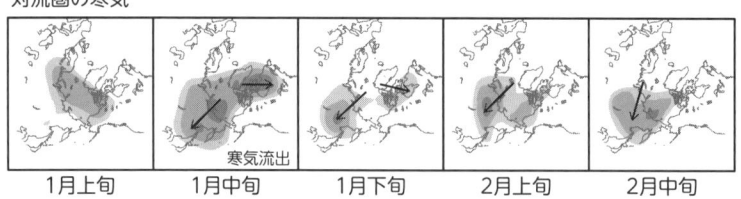

| 1月上旬 | 1月中旬 | 1月下旬 | 2月上旬 | 2月中旬 |

▶**図** 2009年に起こった極渦の分裂と、それに伴う北極の寒気流出
（成層圏−対流圏結合）。気象庁55年長期再解析データ（https://jra.kishou.go.jp/
JRA-55/index_ja.html）を用いて作図。

南岸低気圧

　南岸低気圧は、温帯低気圧（1.2節、18ページ）の一種です。北半球の冬季に、台湾の東側あたりで発生し、日本列島の南側（南岸）を通過するものを特定してそうよびます。南岸低気圧の一番の特徴は、関東などに大雪をしばしば降らせることです（6.4節、246ページ）。記憶に新しいのは2014年の2月初旬、関東は2度の大雪に見舞われました。

　南岸低気圧の特徴は、ほぼ毎年同じ時期に発生し、似たような経路をたどることです。これは、偏西風の位置の季節進行に関係していて（一般には冬のほうが偏西風が赤道側に移動してきます）、ちょうど冬季に日本の南の上空あたりに位置するので、その時期に発生しやすくなります（1.2節）。また、南からやってくる温暖な黒潮海流や、冬季のアジアモンスーンによるシベリア域からの寒気流出も、南岸低気圧の発生位置や経路の固定に影響を与えています（たとえば、Nakamura *et al.* 2012、Iwasaki *et al.* 2014）。

　強い低気圧が繰り返し通過する地点は、被害が大きくなります。そこで、低気圧の強さと通過回数の頻度（＝活発さ）を「ストームトラック」という概念で表現します（図a）。ストームトラックが「強い」（活発な）ほど、低気圧の被害を受けやすいということです。南岸低気圧は、太平洋を横断するストームトラック域の一部を形成します（図b）。

　2014年2月には、沖縄の東側くらいからスタートし、北日本の太平洋側沖にストームトラックが集中していたことがわかります。つまり、関東南岸をかすめて、北海道の東側に向かう南岸低気圧

が頻発したことを示しています。例年は、南岸低気圧のストームトラックはもっと東に向かっていて、図bの北太平洋のストームトラックとつながっています（Kuwano-Yoshida 2014）。2014年2月は、偏西風が日本の東側で例年より大きく蛇行していたので、南岸低気圧のストームトラックが大きく北偏していました（1.2節、ニュースキーワード6（42ページ））。

　南岸低気圧のストームトラックは、世界1、2位を争う強さを誇っています（Kuwano-Yoshida 2014）。日本列島は、世界有数の低気圧活動の活発域に位置しているのです。

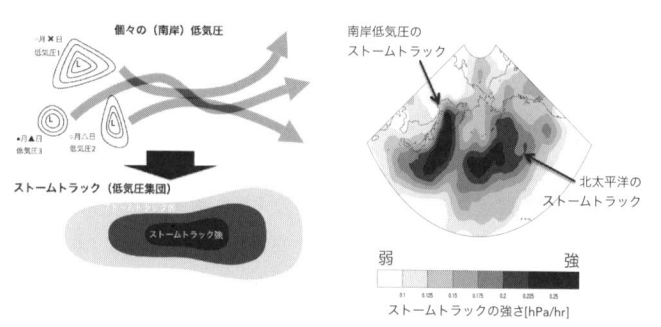

(a)ストームトラックの概念図　　　(b) 2014年2月のストームトラック

▶**図**　（a）南岸低気圧のように、多くの低気圧が繰り返し似た経路を通過する場合、ストームトラックが形成される。ストームトラックは、発達した低気圧が繰り返し通過する場所で強くなる。（b）日本は沖縄の東沖で発生した南岸低気圧が、関東南岸と北日本の太平洋沖を繰り返し通過したため、その場所でストームトラック強度（Kuwano-Yoshida 2014）が高くなった。

【参考文献】　Kuwano-Yoshida, A., Using the local deepening rate to indicate extratropical cyclone activity, SOLA, vol. 10, 2014, pp. 199–203.
　Nakamura, H., A. Nishina, and S. Minobe, Response of storm tracks to bimodal Kuroshio path states south of Japan, Journal of Climate, vol. 25, 2012, pp. 7772–7779.
　Iwasaki, T., T. Shoji, Y. Kanno, M. Sawada, M. Ujiie, and K. Takaya, Isentropic analysis of polar cold airmass streams in the Northern Hemispheric winter, Journal of the Atmospheric Sciences, vol. 71, 2014, pp. 2230–2243.
　稲津將「温帯低気圧の研究」『天気と気象についてわかっていることいないこと』ベレ出版、2013年、17–56ページ

エルニーニョ

　異常気象を引き起こす気候変動現象のなかで、もっとも有名なのが「エルニーニョ」でしょう。南アメリカ大陸の西側にあるペルー沖では、12月（クリスマスの時期）に水温が上がります。通常は季節の移ろいとともに、水温は元に戻りますが、数年に一度、海が暖かい状態が何ヶ月も続き、漁業に大きな影響が出ることが昔から知られていました。

　のちにこの現象は、ペルー沖だけでなく、遠く離れたハワイの南方海上まで暖かい海水が広がっていて、その結果、広範囲に異常気象をもたらすものであることがわかり、クリスマスにちなんで「エルニーニョ（神の子）」とよばれるようになりました。

　エルニーニョは通常、夏から秋にかけて発達し始め、冬にもっとも強く、春になると弱まっていきます。このときの水温は平年に比べて2℃から4℃ほど高く、温度の高い海水は、大量の雨を降らせる積乱雲をつくり出したり、海の上を吹く風を大きく変えたりする力を持っています。このとき、海の上を吹く風の流れが変わった結果、海中深くにある冷たい海水が海の表面に湧き上がりづらくなり、表面の水温がますます上がります。

　このように、大気と海水の流れは、お互いに影響し合いながら変化していきます。これとは逆に、冷たい海水が広がる現象のことを、「ラニーニャ（女の子）」とよびます。

　日本が暖冬や冷夏に見舞われたとき、テレビや新聞では、エルニーニョやラニーニャが関係していると解説されることがあります。日本から遠く離れた海で起こるこれらの現象は、地球上の広い

範囲の海水温や、大気の流れを変えることで、日本の気候にも影響することがわかっています。これらは典型的なテレコネクション（ニュースキーワード10）の例といえます。

　冬にラニーニャが起こると、日本にはシベリアから強い寒気が流れ込みやすくなり、日本海側で降る雪の量が増えます。逆に、

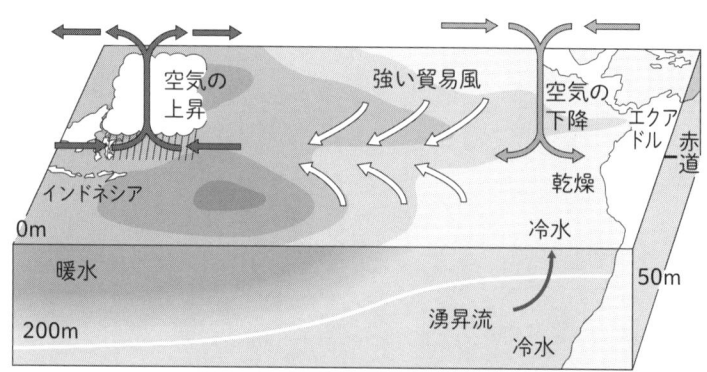

非エルニーニョ現象の状態

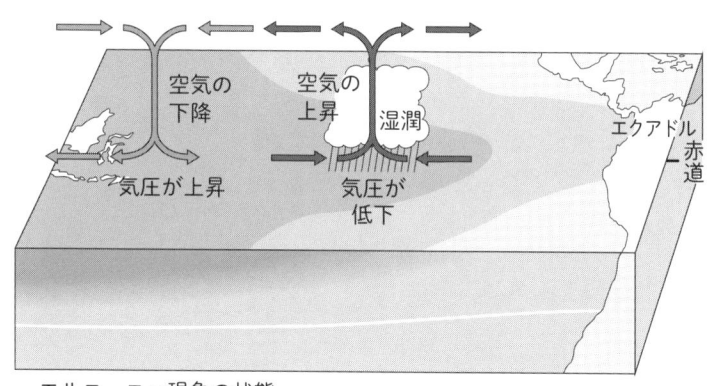

エルニーニョ現象の状態

▶図　平年の状態（上）とエルニーニョ時（下）の状態。

エルニーニョのときは、冬型の気圧配置が弱まり、日本の南岸を通過する南岸低気圧（ニュースキーワード8）によって、関東で雪が降りやすくなります（Ueda *et al.* 2017）。夏にラニーニャが発生すると、日本付近は高気圧に覆われ、猛暑になる確率が上がります。

【参考文献】　Ueda, H., Y. Amagai, and M. Hayasaki, South-coast cyclone in Japan during El Niño-caused warm winters, Asia-Pacific Journal of Atmospheric Sciences, vol. 53, 2017, pp. 287–293.

ニュースキーワード 10

テレコネクション

　テレコネクション（遠隔影響）は、数千〜数万kmといった遠く離れた2つの地点で、気圧や気温、あるいは降水量偏差などがシーソーのように変動する現象のことです。

　たとえば、図のように、夏季に、横浜で地上気圧が平年より高くなる年に、恒春（台湾南部の都市）では地上気圧が低くなる、つまり逆向きに変動する（負に相関する）、といった現象が挙げられます。

　そういったシーソーは、テレコネクションパターンとよばれる、大気の振動が引き起こしています。図の例では、「Pacific-Japan（PJ）パターン」とよばれるテレコネクションパターンが関係しています。

　テレコネクションパターンにはいくつも種類があります。これまでの研究でさまざまなシーソーが発見され、北極振動（ニュースキーワード3、35ページ）、北大西洋振動、シルクロードパターンなど、地球上のさまざまな場所で、特定の季節に顕在化するパターンがあることがわかっています。

　テレコネクションパターンは大気の振動ですが、南方振動（Southern Oscillation、南太平洋の東部とインドネシア付近で見られる気圧の変動）のように、海洋循環の変動と結合（同期）しているものもあります。南方振動は、海洋の現象であるエルニーニョ（El Niño）とラニーニャ（ニュースキーワード9）が同時に起こるもので、この2つを合わせて、ENSO（エンソ、南方振動とエルニーニョの頭文字を取ったもの）とよびます。

テレコネクションパターンの重要性は、1ヶ月程度以上という長い期間にわたって継続することにあります。大気のカオス性（ニュースキーワード33、209ページ）によって、数ヶ月先の大気（気象）状態の完全な予測は不可能ななかで、テレコネクションパターンの発生予測は、そのまま平均気温などの気候状態の予測に役立つのです。

　どうして遠く離れた地点で、気圧などにシーソーが起こるのか？そのおもな理由のひとつは「大気中を波が伝播できる（＝大気が流体である）こと」です。たとえば、暖かい海水などによってその上の大気が温められると、その大気のゆらぎ（シグナル）は、流体中

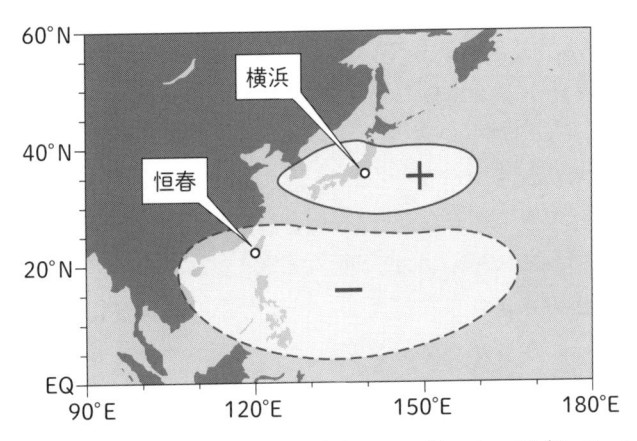

▶図　日本付近で夏季に卓越するテレコネクションパターン・PJ（Pacific-Japan）パターンによって引き起こされる、横浜と恒春での夏の地上気圧のシーソー（逆相関）。たとえば、PJパターンの点線域の気圧が平年より低い（負の気圧偏差の）夏には、実線域での気圧が高くなり、恒春では負の気圧偏差、横浜では正の気圧偏差となる。シーソーなので、逆に実線域で負の気圧偏差となる場合、点線域は正の気圧偏差になる。海洋研究開発機構（JAMSTEC）と東京大学による2015年7月30日プレスリリース（http://www.jamstec.go.jp/j/about/press_release/20150730/）をもとに作成。

を伝わる波として、遠くまで飛んでいきます。波は、気圧の尾根と谷のように正と負のシグナルを繰り返す（位相を持つ）ので、シグナル（風向きや気圧など）の正負を反転させながら遠くに及びます。この正負の符号が逆の、あるいは一致した遠く離れた2地点がシーソーとして現れます。

　また、ENSOのように（大気と同じく流体である）海洋中を伝わった波が、離れた地点で海面水温のシーソーをつくり、大気がその影響を受けて、テレコネクションパターンが生じる例もあります。

　ところが、どうして特定の地点間でだけシーソーが起こるのか、どういう経路でシグナルが伝わっているのか、どういう理由で正負が反転するのかなど、じつは、多くのテレコネクションパターンについてはわかっていないのです。テレコネクションパターンのメカニズム解明やその正確な予測も、やはり気象学の第一級の課題の一つです。

【参考文献】　Kubota, H., Y. Kosaka, and S.-P. Xie, A 117-year long index of the Pacific-Japan pattern with application to interdecadal variability, International Journal of Climatology, vol. 36, 2016, pp. 1575–1589.
　Wallace, J.M. and D.S. Gutzler, Teleconnections in the geopotential height field during the Northern Hemisphere winter, Monthly Weather Review, vol. 109, 1981, pp. 784–812.
　高谷康太郎「偏西風の蛇行と異常気象」『異常気象と気候変動についてわかっていることといないこと』ベレ出版、2014年、65–108ページ

気象と気候

気象（weather）と気候（climate）は、どちらも大気の状態を表しますが、違いは時間スケールが異なることです。気象は、数時間から1週間程度の、スナップショット（＝瞬間値）的な大気の状態を表すのに対し、気候は1ヶ月から数十年というスケールでの、大気の平均的な状態を表します。気象と気候を分ける時間スケールを厳密に決めるのは難しいのですが、おおよそ10日〜1ヶ月くらいがその境目となります。

大気現象は、図のように、時間スケールに応じて分けることができます。そして、個々の大気現象が持つ空間スケールも、時間

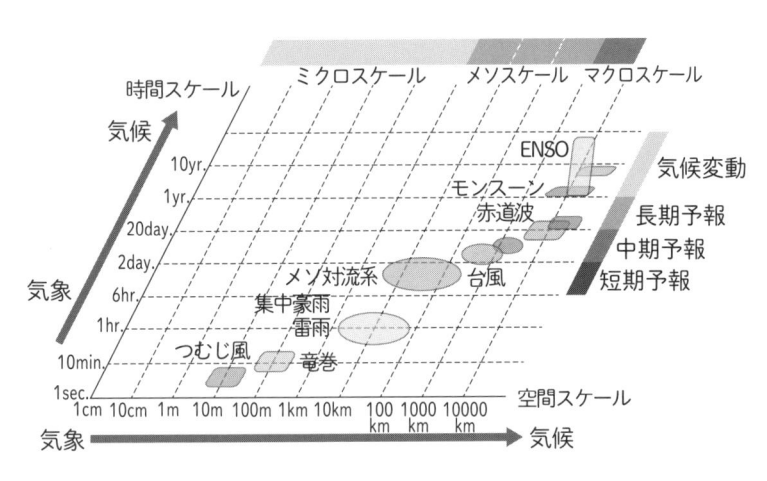

▶**図** 大気現象を時間・空間スケールごとに並べた図。時空間スケールの小さいものが気象、大きいものが気候に相当する。

スケールにおおよそ比例して分布します。つまり、大気現象は、時間スケールの大きい現象ほど空間スケールも大きくなるのです。

　この考え方は、気象学においてたいへん重要な概念となります。たとえば、中緯度・極域において、コリオリ力（ニュースキーワード1、30ページ）の影響が重要となるのは、おおよそ1000 km・数日程度（総観規模）以上の時空間スケールとなるのですが、こういったスケールの把握が大気現象の理解に欠かせないからです。

　気象と気候の区別は、特に天気予報をする場合に重要となります。現代の気象学において、未来の大気を予測するためには、コンピュータを使った数値シミュレーション（第4章・5章）、すなわち天気予報を行ないます。じつは、数時間から数週間先の気象を天気予報する場合と、数ヶ月から数十年先の気候を予報（季節予測）する場合には、同じ作業（＝シミュレーション）を行ないます。ただし、前者と後者では、シミュレーションのどこに力点を置くかが異なります。

　大まかにいうと、気象の予測は「初期値問題」、気候の予測は「境界値問題」といえます。天気予報では、(1) 大気の初期状態を正確に復元し（データ同化）、そこから (2) 大気に接する海洋などの地球システムの境界条件を取り込む（相互作用する）大気のモデルを使って、未来の状態を数値的に計算します。

　気象と気候の予報の精度を上げるためには、(1) と (2) の両方を改良する必要がありますが、気象の予測には (1)、気候の予測には (2) の精度がより重要となります。

　ところで、大気のような流体現象には、カオス性という宿命的な性質があります（ニュースキーワード33、209ページ）。このような宿命を背負った大気について、完全な、すなわち精度が100%の天気予報を行なうことは、人間にはおそらく不可能でしょう。

そこで、気象と気候のどちらの現象を予測したいかによって、（1）か（2）のどちらにより重点を置くかを決めて、天気予報を行なうのです。この（1）と（2）のどちらに力点を置くかを決めるうえで、気象と気候の違いを認識することは大切です。

　現在、我々気象・気候学者は、（1）と（2）のために全力を注いでいます。こういった研究で得られた知識体系は、気象・気候学のみならず、流体力学やさまざまな予測科学にとって重要な知見を提供できるはずです。

【参考文献】　三好建正「天気予報の研究」『天気と気象についてわかっていることいないこと』ベレ出版、2013年、243–277ページ

2014年2月の関東甲信豪雪　　　　山崎 哲

　南岸低気圧（ニュースキーワード8、48ページ）のところで少し紹介しましたが、2014年の2月初旬と中旬に、関東で大雪が降りました。当時関東に住み始めてまだ日の浅かった私は、（あまり雪の降らないところから上京してきたこともあり）この出来事にたいへんな衝撃を受けました。甲信地方では雪崩被害や交通障害が頻発し、関東でも交通網が大きく乱れたり、停電被害が出たりしました。この事例は、温暖化が進行している現在において、雪のあまり降らない地域（寡雪地域）での大雪災害の甚大さを示したもので、気象学会・雪氷学会でも注目されました。

　住んでいてわかりましたが、横浜などの南関東でも、雪が積もることは年に1度程度はあり、それは南岸低気圧によってもたらされます。私は、この2014年の大雪の直後から、なぜ2回続けて南岸低気圧が襲来し、大雪がもたらされたのか、ということに関心を持っていました。

　当時、2014年2月初・中旬の対流圏上層の天気図を見ながら、太平洋でブロッキングが起こっているのに気づいたので、ブロッキングがこの2回の南岸低気圧襲来に関係しているのではないか、ということをぼんやりと考えていました。

　ちょうどときを同じくして、新潟大学災害・復興科学研究所の和泉薫先生（当時）・河島克久先生が中心となった、突発災害についての特別研究促進「2014年2月14-16日の関東甲信地方を中心とした広域雪氷災害に関する調査研究」チームが3月のうちに立ち上がり、私は新潟大学の本田明治先生に誘われ、この研究チームに参画しました。このチームでは、雪氷学者と気象学者が協力し、雪崩の実地調査から、降雪をもたらした大気循環の状況の分析ま

で、一つのイベントを多角的な視点から研究し、ほぼ1年で総合的な調査を終えることができました。

　私は、こういった機会が初めてだったので最初はいろいろ不安でしたが、研究チームの手厚いサポートのおかげで、本田先生と協力して学術論文として発表することができました。こういった突発災害研究は、即時に研究報告を行なわなければならない側面がありますが、今回の研究ではその後の気象・雪氷研究方針にも影響を与える大きな研究成果が数多く得られた課題であったと思います。さらに、私の研究キャリアとしても重要なマイルストーンとなりました。

　この研究の後、対流圏上層の様子を準リアルタイムに監視する重要性を知った私は、新潟大学やJAMSTECアプリケーションラボのウェブサイトで見ることのできる、大気・海洋状況の準リアルタイム表示システム（下記ウェブサイト参照）の運用に協力しています。みなさんも、何か気になる大気・海洋現象が起きたときは、これらのウェブサイトを使って、大気循環がどのようになっているか見てみませんか？

参考ウェブサイト：
新潟大学「顕著大気現象追跡監視表示システムPVマップ」
http://env.sc.niigata-u.ac.jp/~naos/index.html
JAMSTECアプリケーションラボ「APL-virtualearth」
http://www.jamstec.go.jp/virtualearth/general/jp/index.html

▶**図1** 2014年2月8日と14日の横浜市内（JAMSTEC横浜研究所）の様子。

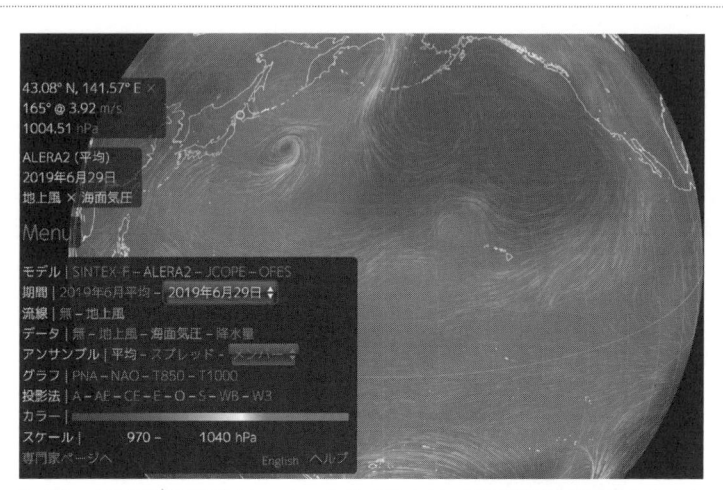

▶**図2** JAMSTECアプリケーションラボの大気・海洋状況の準リアルタイム
監視システム「virtual-earth」。大気・海洋の概況、そして数ヶ月先の季節
予測結果も表示することが可能。まさに「仮想地球」（=virtual earth）。

第 2 章

地球温暖化の
ホントのところ!

2.1──地球は本当に 温暖化しているのか?

■ 温暖化のたしかな証拠

　地球が温暖化している様子は、どのようにして確かめられるのでしょうか?　世界各地で、温度計による気温の測定が本格的に始まったのは、19世紀半ばから20世紀初頭にかけて、つまり私たちが生まれるずっと前のことです。東京の気温は、皇居外苑にある北の丸公園で測られていますが、それ以前の大手町での観測などを含めれば、温度計で測った東京の気温は、1875年まで遡ることができます。このような気温のデータを世界中から集めてみると、地球上の気温は平均して、100年あたり0.7℃上昇していることが確認できます。

　過去には、暖かな縄文時代や、寒くてマンモスが生息していた氷期のように、気候の寒暖が繰り返されてきました。しかし、それらに比べて近年は、明らかに急激なスピードで気温が上昇しています。

　日本の気温に注目すると、東京のような都市部では、都市化に伴うヒートアイランド現象の影響(ニュース

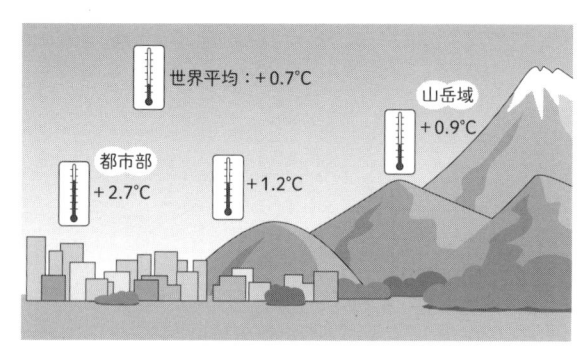

▶**図1**　100年あたりの気温上昇のスピード。

キーワード21、123ページ）もあるため、郊外と比べて気温が大きく上昇しています。大都市から離れていて、都市化の影響をほとんど受けない地域の気温は、平均して100年あたり1.2℃程度（日本気象学会 2014）と、世界全体の平均よりもやや速いペースで上昇しています。これに対して、日本の都市部の気温上昇は平均して2.7℃（気象庁 2018）で、都市化の影響が大きいことがうかがえます。さらに、標高の高い山岳域の気象観測地点では、100年あたり0.9℃程度です。

■■■ 海に蓄えられる熱

　気温の観測データが十分にたまってきた1980年頃には、地球温暖化が進んでいる様子がはっきりと確認されるようになりました。それから30年以上が経ちましたが、最近になってようやくわかったことがあります。それは、海に蓄えられている熱が、たしかに増えているということです。

　船が航行する際に、海の表面付近にある海水を採取して比較的簡単に測ることのできる海面水温とは違い、海中深くの水温を測るには、大掛かりな測器が必要になります。1970年頃から、一般の商船にもボランティアで測器を積んでもらい、主要な航路に沿った深い海中の水温測定が盛んに行なわれるようにな

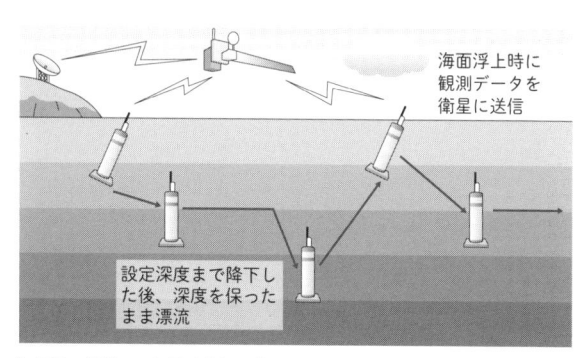

海面浮上時に観測データを衛星に送信

設定深度まで降下した後、深度を保ったまま漂流

▶**図2**　深海の水温を測る「アルゴフロート」。

りました。2000年以降は、海中を漂流しながら海の中を沈降・浮上して水温の分布を測る「アルゴフロート」が世界中に展開され、詳細な水温のデータが得られるようになりました。

このような深海の水温データを収集した結果、1970年代以降に地球の大気や海洋に蓄えられた貯熱量のうち、93%が海に蓄えられていることが明らかになりました。

地球温暖化が進むと、北極や南極の海氷・氷床が解ける（2.5節）だけでなく、海に熱が蓄えられて温度が上がった結果、海水が熱膨張します。最近の海面水位の上昇には、氷床の融解に加えて、熱膨張が大きな役割を果たしていて、今後も海面水位の上昇は続いていくと考えられています。

■ 上空では逆に寒冷化

エベレストの山頂よりもはるか上空、10kmから50kmほどの高さにある大気層は、「成層圏」とよばれ（ニュースキーワード2、33ページ）、地表付近とは逆に気温が低下しています（ニュースキーワード19、99ページ）。

私たちが見ることのできる光よりも波長が長く、リモコンや電気ストーブに利用される「赤外線」は、太陽の光によって暖められた地球を冷やす役割を果たしています。二酸化炭素は、地球から宇宙へ向かう赤外線の流れを変える性質、つまり「温室効果」を持っています。産業革命以降、人類の活動によって大気中の二酸化炭素濃度は上昇しつづけていて、温室効果を強め、地球温暖化に大きく影響しています。温室効果によって、地面と、その影響を受ける地表付近の空気が暖まる一方で、空気自体が赤外線を発して冷える「放射冷却」も強まります。成層圏は、温室効果によって暖まった地面の影響をほとんど受けず、空気の放射冷却だ

けが強まるので、地表付近とは逆に気温が低下するのです。

　世界で上空の気温が精度よく測れるようになった、最近数十年間の気温を調べると、成層圏はたしかに寒冷化しています。これは、大気中の二酸化炭素濃度の上昇が、地球上のエネルギーの流れを変えていることを示しています。一見、地球温暖化とは逆に思える現象が、じつは地球温暖化のたしかな証拠になっているのです。

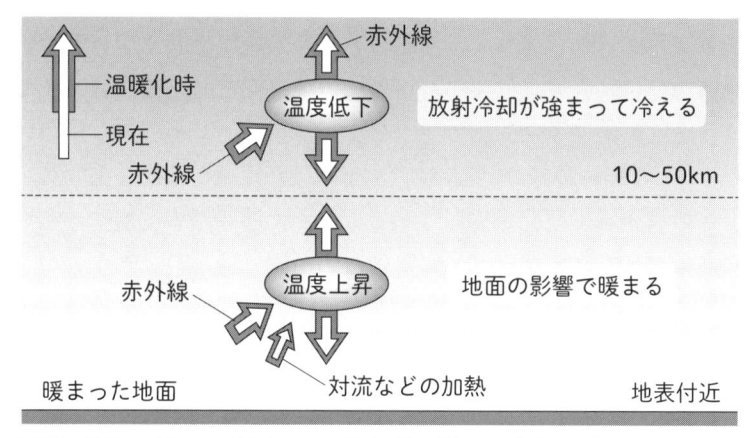

▶**図3**　放射のバランスが変わって、地表が温暖化し、成層圏が寒冷化する。

【**参考文献**】　日本気象学会（編）『地球温暖化 そのメカニズムと不確実性』朝倉書店、2014年、10ページ
　気象庁『気候変動監視レポート2017』気象庁、2018年、34ページ

2.2──気温はどれくらい高くなる?

━━ じつはよくわかっていない

地球温暖化は、私たちの生活や生態系を大きく変えるほどの影響力があるので（2.4節）、世界全体で温室効果ガスの排出を減らすといった対策をとることの必要性が、盛んに訴えられています。しかしながら、地球温暖化問題が広く知られるようになってから数十年が経ったいまでも、人類は石炭・石油をはじめとした化石燃料を使い続けていて、当分の間は温室効果ガスの排出はあまり減りそうにありません。

では、実際に地球の気温は何℃上がるのでしょうか？　じつは、現在の最先端の研究をもってしても、その答えはよくわかっていません。このまま温室効果ガスの排出が続けば、21世紀の終わり頃には2.6～4.8℃程度（地球温暖化対策が進めば、0.2～1.8℃程度）上昇すると見込まれていて（日本気象学会 2014）、大きな幅があります（2.3節）。その理由は、「温室効果ガスがこれくらい増えると、温度は何℃上昇するか？」は、非常に複雑な要素が絡み合った結果として決まるからです。

2.1節にあるように、地球の気温は、宇宙との熱のやりとり、つまり太陽光の吸収と赤外線の放出によって決まっています。何らかの原因で地球の気温が上昇したときに、地球が太陽光をより吸収するようになったり、赤外線の放出が弱まるようなことが起これば、気温の上昇はさらに進むことになります。温暖化したときに、地球と宇宙との熱のやりとりはどのように変わるのでしょうか？

■■■ **フィードバック**

成績が伸び悩んでいるAくんのもとに、家庭教師がやってきました。その家庭教師は教え方がうまく、Aくんの成績は伸びました。そのことを周囲から褒められたAくんは、ますます勉強をやる気になり、家庭教師から教わったことをどんどん吸収し、成績はぐんぐん伸びていきました。

Aくんのやる気が向上したことで、成績がさらに伸びていく様子は、お互いに強め合う関係にあります。これを「正のフィードバック」といいます。悪いことがどんどん進んでしまう悪循環も、正のフィードバックの一種です。

逆に、せっかく勉強したのに思ったほど成績が伸びなかったり、うまくやる気の向上に繋がらなかった場合、成績は頭打ちになります。これを「負のフィードバック」といいます。

地球温暖化には、車のアクセルのように、変化を加速させる正

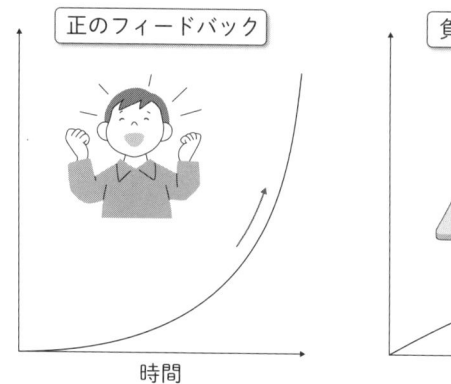

▶**図1**　勉強とやる気が相互に影響しあい、成績の向上が加速する「正のフィードバック」と、勉強がやる気にうまくつながらず、ブレーキがかかる「負のフィードバック」。

のフィードバックと、ブレーキとなる負のフィードバックがいくつも存在しているので、車がどこまで進むのか（気温が何℃上昇するのか）を知るのはとても難しいのです。

■ 水蒸気、氷、雲

　気温が何℃上昇するのか、それを見積もるうえで非常に重要なのが、水蒸気、氷、雲によるフィードバックです。

　水蒸気は、二酸化炭素やオゾン、メタンなどと同様に温室効果を持っています。大気中の水蒸気が増えれば、海や地面から宇宙空間に逃げようとする赤外線が、大気に吸収されやすくなり、地球の気温は上昇します。

　空気がどのくらい水蒸気を含むことができるか、その量のことを「飽和水蒸気量」といいます。そして、気温が高い空気ほど、水蒸気をより多く含むことができる、という性質があります。つまり、海や湿った地面から蒸発した水蒸気は、気温が上がると、より多く空気に含まれるようになります。その結果、温室効果はさらに強まり、正のフィードバックとして働きます。

　雪や氷を思い浮かべてみると、白っぽかったり、キラキラしているイメージがありますね。雪や氷は、太陽の光のような、人が目で見ることのできる「可視光」をよく反射する性質を持ちます。北極や南極の氷床や海氷、寒い地域の積雪が温暖化によって解け、かわりに海や地面、草地や森林が太陽光にさらされると、太陽の光をより吸収するようになります（ニュースキーワード17、95ページ）。このように、雪や氷の融解は温暖化を加速させる、正のフィードバックとして働きます。

　雲も重要な役目を担っています。毎日、空を眺めていると、さまざまな種類の雲を見つけることができます。暗く立ち込めた雲、

上空に薄く筋状に広がる雲、もくもくと発達する積乱雲など、種類によって大きさも色や明るさもさまざまです。冬の太平洋側の地域で、乾燥して雲一つない日と、雲の多い日を比べると、雲の多い日のほうが明け方の冷え込みが弱いように、雲には放射冷却による冷え込みを抑える働きもあります。

　さまざまな種類の雲が、温暖化するとどうなるか、つまり太陽光を跳ね返したり、放射冷却を弱めたりする働きがどのように変わるのか、まだわかっていないことがたくさんあります。最新の研究では、温暖化が進行すると、雲による太陽光の反射は全体的に弱まる傾向があり、温暖化を加速する「正のフィードバック」として働くだろうと考えられています。地球の気候が負のフィードバックとして働き、何もしなくても温暖化が勝手に止まる、という可能性は、いまのところあまり望めそうにありません。

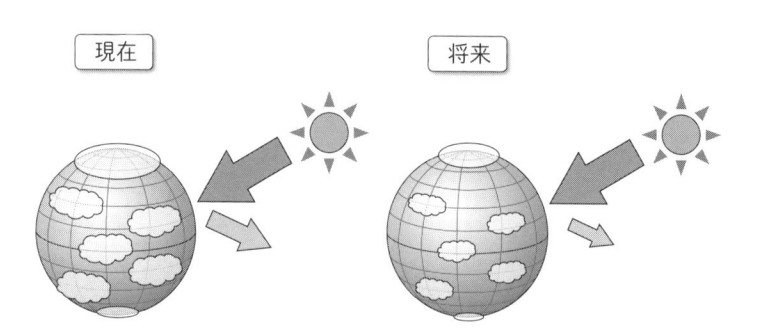

▶**図2**　地球の気温が上昇して、氷が解けたり、雲が減ると、地球表面の白っぽい面積が減って、太陽光をより吸収するようになり、気温はさらに上がる。

【**参考文献**】　日本気象学会（編）『地球温暖化 そのメカニズムと不確実性』朝倉書店、2014年、51ページ

2.3——将来予測は多数決?

■ どの気候モデルが一番信頼できる?

みなさんは、日々の天気予報はどの程度確実なものなのか、考えたことはあるでしょうか? 最先端の科学をもってしても、1週間以上先の天気を正確に予報するのはすごく難しいことです。

日本の気象庁をはじめ、世界各国の気象機関は、天気予報の精度を少しでも上げるために、天気予報モデルの改良にしのぎを削っています (5章)。将来の気候変化の予測に用いられる「気候モデル」も、原理は天気予報モデルと同じです (江守 2008)。天気予報では、数時間前の世界の低気圧や高気圧の位置をはじめ、風や気温、湿度のデータを可能な限り集めて、これから天気が移ろう様子を予報するのに対し、将来予測では、温室効果ガスやエアロゾルのような、気候を変える外部条件が変わったときの気候の変化を予測する、という違いがあります。

地球上の大気や水、水蒸気の流れを正確に計算するためには、雲や渦のような複雑な現象をなるべく精度よくシミュレーションする必要があります。世界で使用されているさまざまな気候モデルは、そのような複雑な部分の扱い方がそれぞれ違うため、将来、気候がどのように変わるかという予測に大きなばらつきがあります (2.2節)。

とはいえ、私たちが温暖化対策をとるためには、これから気温が何℃上がり、気候がどの程度変わるのかを知る必要があります。では、どのモデルを信用すればいいのでしょうか?

■■■ モデルの信頼性を比較する

気候の予測がどの程度当たるのか、その精度を、テストの点数に例えて考えてみましょう。

ある小学校のクラスにいる生徒20人のなかで、数年後に、中学校の数学でいい成績をとるのは誰でしょうか？　将来の気候の予測と同じように、まだ起きていないことなので、当てるのは難しいですね。

ところが、まだ起きていない将来のことが、いまの時点で知ることのできる情報から、大まかな傾向を探ることができる場合があります。たとえば、過去の例を調べてみると、小学校のときの算数の成績がいい生徒ほど、中学校の数学でもいい成績をとる傾向があったとします。その場合、生徒20人の最近の算数の成績を調べれば、成績のいい生徒ほど、数年後の中学校の数学でもいい成績をとるのではないか、という推測が成り立ちます。

気候の将来予測の場合、実際に観測されたデータと比べることで、将来の予測精度を推定しようという試みが進められています。たとえば、地球温暖化が進行したときに、他のモデルに比べて陸上の雪が解けやすいモデルでは、太

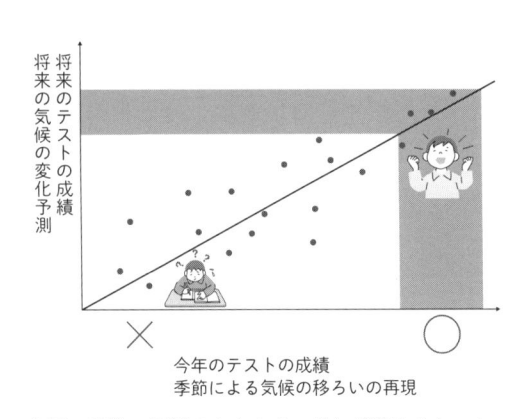

将来のテストの成績
将来の気候の変化予測

今年のテストの成績
季節による気候の移ろいの再現

▶**図**　複数の予測のなかから、どれが確からしいかを絞り込む。予測とすでに起きたこととの間によく対応する関係があれば、すでに起きたことの再現性を調べることで、どの予測がより確からしいかを推測することができる。

陽光をより吸収して陸が暖まりやすくなり、温暖化が加速する、大きな「正のフィードバック」が働きます（2.2節）。しかし、温度が上がったときに雪がどの程度減るのかは、モデルによって大きくばらついています。どのモデルの雪の解けやすさ、つまり「フィードバックの大きさ」が一番正しいのでしょうか？

　ここで、将来の予測ではなく、冬から夏への季節の移り変わりとともに、陸上の雪がどれだけ解けたり積もったりしているか、モデルごとに比較してみます。その様子を、実際に観測されている雪の変動の大きさと比べて「答え合わせ」をすると、それぞれのモデルの成績が出ます。

　ここで重要なのは、季節による雪の変わり方が大きなモデルほど、温暖化したときの変わり方も大きい、という関係があることです（Hall and Qu 2006）。つまり、温暖化したときのフィードバックの大きさを、間接的に答え合わせすることができるのです。

■ 単純な「多数決」ではない

　2.2節で紹介したように、雪の他にも、地球温暖化の予測を不確実なものにしているフィードバックがあります。そこで、世界の雲の分布の変わり方など、他のフィードバック要素にも、観測データを用いた答え合わせを適用した結果が、最近になって数多く報告されています。それらの研究結果を見ると、ほとんどの場合、地球温暖化は、モデルの単純な平均よりも速く進行するだろう、という結論に達しています（Kamae *et al.* 2016）。

　このような、モデルの信頼性を比較する試みが進められる以前は、それぞれのモデルが同じだけ信頼できるとして、全体を平均したものがもっとも確からしいと考えられる風潮がありました。一つのモデルがそれぞれ一票を投じて、多数決で気候の変化を予

測しようというものです。それぞれのモデルの粗削りな部分が相殺されて、それらしい予測が得られるため、この方法もたしかに一理あります。ですが現在は、氷の解けやすさ、雲の変わり方など、実際に地球上で観測できる現象をよく観察し、答え合わせをしながら、その物理プロセスを再現できるようにモデルの精度を向上させることが、結果的に、将来の予測の信頼性を上げることに繋がると期待されています。

【参考文献】　江守正多『地球温暖化の予測は「正しい」か?』化学同人、2007年、71ページ
　Hall, A. and X. Qu, Using the current seasonal cycle to constrain snow albedo feedback in future climate change, Geophysical Research Letters, vol. 33, 2006.
　Kamae, Y., T. Ogura, H. Shiogama, and M. Watanabe, Recent progress toward reducing the uncertainty in tropical low cloud feedback and climate sensitivity: a review, Geoscience Letters, vol. 3, 2016.

2.4——温暖化のメリット・デメリット?

■ 温暖化のデメリット

　世界の人々の暮らしや産業を支える水資源は、温暖化によって大きく変わります（国立環境研究所 2014）。冬の寒い日よりも夏の暑い日のほうが洗濯物がよく乾くように、暖かい空気は陸地の水を効率よく蒸発させます。温暖化して蒸発が強まると、降水量が大きく増える地域を除き、川の流量は少なくなります。特に地中海沿岸と西ヨーロッパ、北アメリカ南西部、アフリカ南部などでは、川の流量が減って、水不足が深刻化すると考えられています。温暖化によって雪が減る地域では、雪解け水が減ることで、水不足になる可能性があります。

　農業への影響は他にもあります。稲は、穂が出たあとに高温にさらされると、米粒が白く濁り、品質が落ちてしまいます。気温が上がったり、雪解け水が利用できる季節が変わると、作付け品種や、植え付け・刈り入れの時期を変えたり、灌漑施設を整備したりする必要が出てきます。

　台風をはじめ、私たちの生活を脅かす気象災害は、温暖化によって、これまでめったに発生しなかった地域でも多発するようになる可能性があり（ニュースキーワード14（88ページ）、15（91ページ））、災害に慣れていない地域では大きな被害が出ることが考えられます。

　海面上昇は、海の近くに住む人々や生態系を脅かします。21世紀には26〜82cmの海面上昇が見込まれています。これは北極海の海氷が解けるからではなく、陸上の氷河・氷床が解けることと、海水自体の温度が上がり膨張することによって起こります。

　人々の健康面への影響は、さまざまな可能性が指摘されています。温暖化が進めば、夏の酷暑により熱中症患者が増えると考えられます（ニュースキーワード22、126ページ）。熱帯病の一つであるデング熱は、市街地で一般的に見られる蚊によって広まる感染症です。自然な環境を好む蚊が媒介するマラリアは、温暖化が進んでも日本ではあまり広まることはないと考えられます。一方で、都市に住む蚊が広めるデング熱は、温暖化とともに蚊の生息域が広がると、日本でも流行する危険性があります（国立環境研究所2010）。

　日本には、雪、桜、新緑、紅葉と、景色が色鮮やかに移ろう四季がありますが、世界を見渡すと、同じ緯度帯でもまったく異なる気候（たとえば、南カリフォルニアの乾燥気候）が広がっています。温暖化のように、気候の変化によって、季節の彩りが変わってしまうかもしれません（ニュースキーワード16、93ページ）。観光資源としてのスキーや雪まつりは、雪がなければ成立しません。日本

梅一輪
一輪ほどの　暖かさ
服部嵐雪

▶**図1**　春の訪れを詠んだ服部嵐雪の句。

のそれぞれの地域に根差した文化は、気候と密接に関係しています。季語を織り交ぜ、句を詠んだかつての俳人が感じた「わびさび」を、私たちはこれからも感じ取ることができるでしょうか。

■ 温暖化するといいこともある

以上のようなことから、地球温暖化は悪者だというイメージを持つ人も少なくないと思います。しかし、地球温暖化は人々の生活にさまざまな形で影響するので、むしろ好都合な面もあるのです。

シベリアのように寒い地域に住んでいる人にとっては、冷え込みがやわらぐことによって、寒さが原因で亡くなる人が減る可能性があります。北極の海氷が減ることによって、北極海航路が利用できるようになれば、アジア－ヨーロッパ間の物資輸送費を大幅に減らすことができます（2.5節、ニュースキーワード18（97ページ））。

農業では、大気中の二酸化炭素の濃度が上がれば、植物にとっては光合成に使える二酸化炭素が増えることになるので、気温や水分が変わらなければ、より大きく成長して、収量も増えることになります。これを「施肥効果」とよびます。これまで気温が低いために作物がうまく育たなかった地域では、温暖化によって作物収量が増えることが考えられます。

■ 経済的に恵まれない人々が割を食う？

地球温暖化をすぐに止めるのはたいへん難しいので、しばらくは、温暖化がもらたす悪影響にうまく対応していくことが必要です。ここで問題なのは、温暖化の悪影響への対策は、発展途上国ほど遅れてしまうことです。

海面上昇は、海抜ゼロメートル地帯が存在する各国の主要な都市圏の生活を脅かしますが、東京のように数mの高潮に備えた海

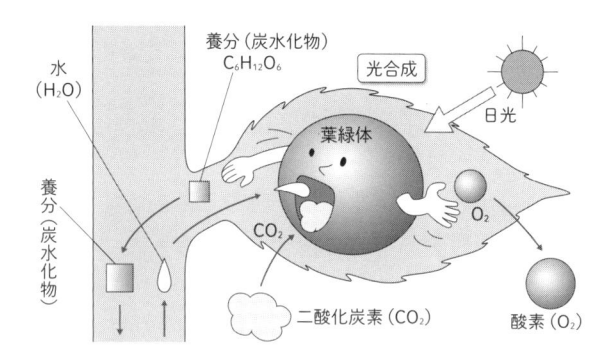

▶**図2**　二酸化炭素が増えれば、光合成は活発になる。

岸堤防が整備されている地域では、数十 cm の海面上昇には十分に対応できます。しかし、十分な堤防をつくることのできない地域では、大きな被害が出るでしょう。

　気候の変化による農業への影響に適応するため、作付け品種を変えたり施設を整備したりするのは効果的ですが、技術や経済的余裕が十分でない地域では、やはり大きな被害が生じるでしょう。

　地球温暖化は、国境を越えた問題です。昨今、一部の先進国では、自国ファーストを謳った政策が幅を利かせていますが、経済的に恵まれない人々に都合の悪いことを押し付けていいのでしょうか？　これから世界が向かうべき方向性が、国連を中心に議論されています（ニュースキーワード12（84ページ）、13（86ページ））。

【**参考文献**】　国立環境研究所 地球環境研究センター（編）『地球温暖化の事典』丸善出版、2014年、271ページ
　国立環境研究所 地球環境研究センター『ココが知りたい地球温暖化2』成山堂書店、2010年、79ページ

2.5——加速する北極の温暖化?

■ 北極の温暖化スピードは2倍

意外かもしれませんが、じつは北極は、世界でもっとも温暖化が進んでいる地域です。観測データの精度がよくなったここ40年ほどの記録では、北極は地球の他の地域に比べて平均して約2倍のスピードで温暖化が進行しています。北極の温暖化が早い現象を「北極温暖化増幅（Arctic Amplification）」といいます。これは温暖化の影響が顕著に見え始めてきた現在に偶然に起きている現象というわけではなく、コンピュータによる将来予測でも、北極の気温上昇が一番大きいとされています。北極海の海氷面積の減少、ユーラシア大陸の永久凍土の融解など、目に見える形で北極圏の環境変化が起こっています。

その影響は大気の流れの変化という形で、我々の住む日本など中緯度帯へも伝わっています（第1章）。永久凍土の融解により、地中に蓄えられていた二酸化炭素やメタンなどの温室効果ガスが放出され、将来の温暖化スピードにも影響します。北極の温暖化は空間的にも時間的にも、地球環境の変化に大きな影響を与えるといえます。

では、どうして北極の温暖化スピードは早いのでしょうか。もっとも大きな要因として知られるのは「アイスアルベドフィードバック（ニュースキーワード17、95ページ）」という効果です。雪や氷のような明るい色の地表面は日射をよく反射しますが、海水や土、植物のような暗い色の地表面は日射をよく吸収します。そのため日射により温まった海水面や地面では海氷や積雪が生成しにくくなり、ますます温暖化が進むという仕組みです。

　このようなローカル（局所的）なフィードバックの仕組みの他に、リモート（遠隔的）なフィードバックはあるのでしょうか。北極の温暖化により生じる大気の流れの変化は、北極からの寒気流出を伴います（1.3節）。これは一方では、低緯度の暖かい空気が北極へ流れ込む効果を持ちます。また北極海へ流れ込む海流の変化は、大気の流れの変化、雪氷の融解による淡水の流入などに影響されます。そのような大気と海の流れの変化によるフィードバックの仕組み、そしてその効果がどの程度かについてはまだよくわかっておらず、今後さらなる研究が必要です。

▰ 白い北極から青い北極へ

　雪と氷に覆われた白い世界、北極。その姿はいつまで続くのか。それほど長くはないのかもしれません。

　北極海の海氷面積減少は、温暖化の影響のなかでも、もっとも顕著なもののひとつです。特に海氷が少なくなる9月の海氷面積は、安定的であった1980年代以前と比べると、現在はすでに約半

▶**図1**　北極がアツい！

分になっています。現在の北極海の海氷減少はすでに、元通りの状態にはならない（不可逆的）変化であり、今後の温暖化の進行に伴い、少なくとも今世紀中は海氷面積の減少が続くと予想されています。将来予測を行なうシミュレーションでは、適切な温暖化対策をとらなかった場合として、早ければ2050年頃には夏の北極海の海氷が完全に消滅してしまう、つまり氷のない青い北極海（Blue Arctic）へと変貌する可能性が示されています。

海氷はホッキョクグマ、アザラシなどの大型哺乳類のほかにも、魚介類からプランクトンや藻類のような微小な生物まで、さまざまな生物の生息域です。また、それらの生育に必要な栄養分を海底から湧き上げる湧昇流にも、海氷の融解生成に伴う熱と塩分の放出が重要な役割を果たしています。海氷がなくなってしまった青い北極では、これらの生態系が壊滅的な変化をすることは想像に難くありません。

■ 北極海航路

北極の温暖化による影響は、気候や生態系などの自然に対するものだけではありません。人間社会へも大きな影響があります。北極海航路という言葉をご存じでしょうか。日本とヨーロッパを結ぶ船舶の航路は、これまでは南シナ海、インド洋、スエズ運河、地中海を通るルートでした。しかし、この航路は航行距離が長いうえに、ソマリア沖の海賊問題や、中東情勢などの地政学的な問題が懸念されています。近年、北極の温暖化により夏に海氷面積が減少すると、海氷に遭遇することなく、北極海を通るルートを選択できるようになりました。北極海航路は、航行距離も短く地政学的問題も少ないため、夏季限定ではあるものの、有用な輸送経路として注目されるようになっています。

　一方で、夏季の北極海は基本的に静穏ですが、数年に一度、大きな嵐が発生することもあります。また青い北極となる前の過渡的な段階では、薄い海氷が航路付近まで広がるでしょう。薄い海氷は動きが早く、耐氷能力や砕氷能力を持たない船舶にとっては危険な存在です。北極海航路の有効な利用のためには、天候の予測、そして海氷の予測の精度向上が必要となります。

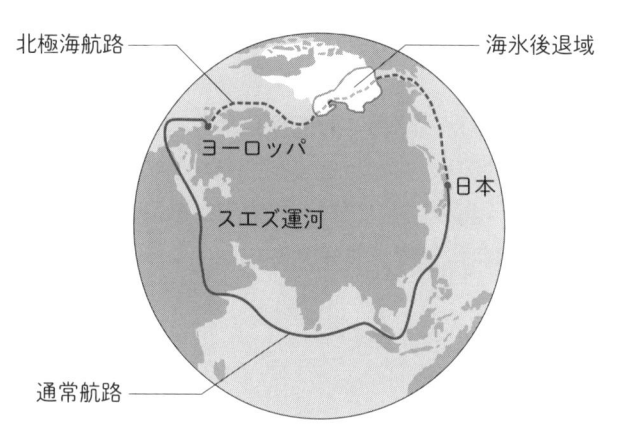

　▶**図2**　北極の温暖化で拓けてきた北極海航路。

IPCC報告書

　煙突からもくもくと出る煙や、工場から垂れ流しの汚れた水は、煙や川の流れる地域に公害をもたらすことがあります。狭い地域の問題であれば、自治体や国が対応することができます。

　一方で、地球全体で進行する地球温暖化には、県境も国境も関係ありません。地球温暖化の予測・影響評価・対策を進めるためには、世界の人々が一緒にこの問題に取り組む必要があります。そこで、世界の意見をまとめる役割を果たしているのが、国連です。国連には、「気候変動に関する政府間パネル（IPCC）」という機関があり、数年に一度、気候変動に関する報告書を発表してい

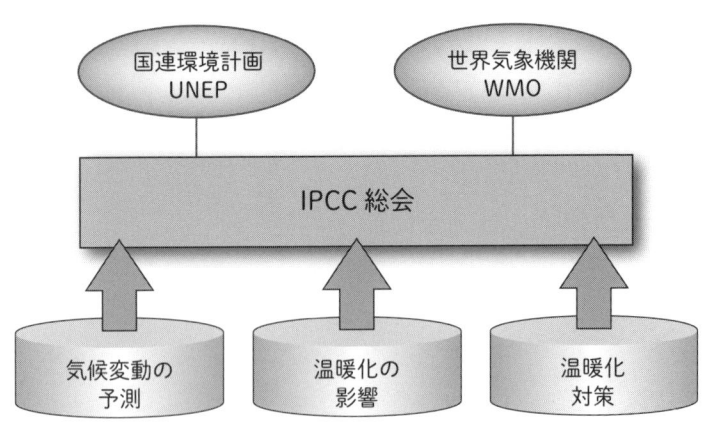

▶図　IPCCの体制。

ます。

　IPCCは、国連環境計画（UNEP）と、国連の専門機関である世界気象機関（WMO）を母体として、各国の政府代表者によって組織されています。IPCCの報告書は、「気候変動の予測」「温暖化の影響」「温暖化対策」の3つのグループごとにまとめられた報告書からなっています。IPCCが2007年や2013年に報告書を発表したときには、新聞やテレビのニュースでも大きく取り上げられました。

　現在でも、地球温暖化の進む速さ、メリットやデメリットを含めた世界的な影響、どのような対策が有効なのかなどを、世界中の研究者が、日夜研究を進めています。それらをまとめた最新の報告書は、2021年から2022年にかけて発表される予定です。

パリ協定

　地球温暖化対策を進めるために、私たちは何をすればいいのでしょうか？　世界の方針を決めるための大きな会議が、1997年12月に京都で開催されました。このときに決められた、京都議定書と呼ばれる取り決めは、世界の温暖化対策を進めるための大きな一歩でした。

　しかし、2001年にアメリカ合衆国が離脱するなどして、京都議定書で定められた温室効果ガスの排出量の削減目標は、一部しか達成されませんでした。

　京都議定書を策定した気候変動枠組条約締約国会議（COP）は、年に1回、毎年開催されていて、2015年には京都議定書の反省を活かした新たな協定が採択されました。会議がパリで開催されたことから、「パリ協定」とよばれています。

　パリ協定は、法的な拘束力を持った国際条約で、2020年以降、すべての国が具体的な温暖化対策を進めることを定めています（全国地球温暖化防止活動推進センター 2019）。具体的には、人々の生活や産業によって排出される温室効果ガスの量を、地球全体で見てゼロにすること、先進国も発展途上国もすべての国が温暖化対策を進めること、温暖化対策の進み具合を5年ごとにチェックし、対策の目標を徐々に上げていくことなどが定められています。

　国際社会のなかで、日本が国として進める取り組みに加えて、私たちも、生活のなかで温暖化対策のために何をすればよいか、意識を高める必要があります。たとえば、クールビズは企業や役所でも広く導入されています。また、省エネ家電をはじめとした、

環境に配慮した商品を選ぶなど、生活のなかで温室効果ガスの排出を減らすことも大事です。

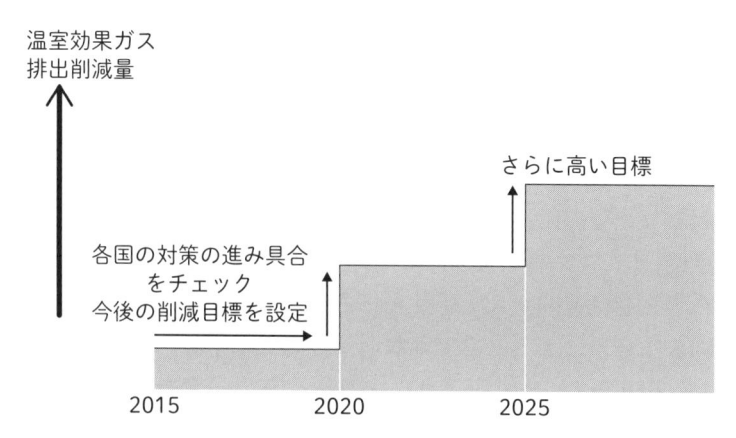

▶**図**　5年ごとに温暖化対策の目標を設定し、その目標を徐々に上げていく。

【**参考文献**】　全国地球温暖化防止活動推進センター『第21回締約国会議（COP21）』http://www.jccca.org/trend_world/conference_report/cop21/.

地球温暖化と異常気象

　猛暑、豪雨、暴風、寒波、豪雪……これまで経験したことのないような、極端な気象を目の当たりにしたとき、私たちはときに命の危険を感じ、恐怖を覚えます。そして、このようなことがまた起こりうるのだろうか、と不安を感じます。異常気象が起きたときに、「これは地球温暖化のせいですか？」と、市民やメディアから研究者に質問がよく寄せられるのは、このような私たちの心理的なゆらぎによるものではないかと思います。

　1章で解説されているように、気象は常に一定ではなく、豪雨のように極端な現象がときおり発生します。異常気象がときどき発生することは「異常」ではありません。ですが、1日に100mmを超える豪雨や、35℃以上の猛暑のように、何かの基準をもとに「極端現象」の数を数えると、その発生数は地球温暖化の進行とともに変わることがあります。

　地球温暖化は、平均状態が少しずつ変わっていく様子を指しますが、高気圧に覆われやすい・覆われにくい地域、雨の降りやすい・降りにくい地域、といったような、これまでの気候のシステムが変わってしまうことで、ある地域では極端現象が急激に増えたり、強まったりする可能性があります。

　一般的には、地球温暖化による気温の上昇は、極端な高温が起こる日を増やします。また、気温が上昇すると、空気が含むことのできる水蒸気の量（飽和水蒸気量）が増えます。ゲリラ豪雨（6.2節、236ページ）のような強い対流が起きたときには、周囲の水蒸気が一気に雨に変わるので、地球温暖化が進むと、豪雨による雨

の量が増えると考えられます。

　極端な現象自体は、地球温暖化の影響がなくても、たまに起こりうることなので、何か起きたときに、「これは温暖化のせいだ」と断定することはできません。ただし、地球温暖化が進んだことで、そのような極端な現象の発生確率がどのくらい変わっているのか、を検証することはできます。日本を襲った2018年7月豪雨のように、毎年、世界のどこかで必ず極端な現象が発生していますが、このような現象の発生確率が地球温暖化によってどの程度変わっていったのか、世界中の研究者によって検証が行なわれています（AMS 2019）。

　では実際に、地球温暖化の進行とともに、極端な現象は増えているのでしょうか？　日本では、1日に100mmを超えるような猛烈な雨の発生数は、たしかに増えています（気象庁 2017）。また、35℃を超える猛暑日の数も増えています。ただし、この数十年間で都市化が進んでいる地域では、ヒートアイランド現象の効果

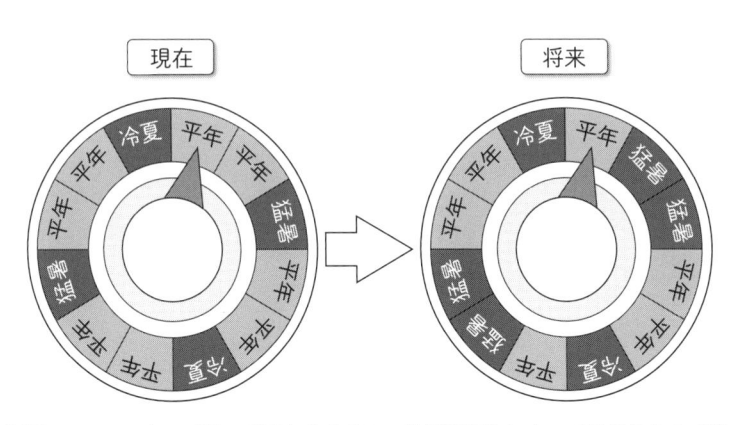

▶**図**　ルーレットの「目」が変わるように、地球温暖化によって異常気象の「確率」が変わる。

（ニュースキーワード21、123ページ）も含まれていることに注意が必要です。また、極端な現象はたまにしか起こらないため、その数が増えているのか減っているのか、判断が難しい地域や、逆に減っている地域もあります。

　世界の極端な現象の発生数の傾向をまとめたIPCC（2013）の報告によれば、陸上のほとんどの地域では、猛暑や熱帯夜の頻度が増加していて、ヨーロッパ、アジア、オーストラリアの大部分では、熱波が増えていることが確認されています。

【参考文献】　American Meteorological Society, Explaining extreme events in 2017 from a climate perspective, Bulletin of the American Meteorological Society, vol. 100, 2019.
　IPCC, Climate Change 2013: The physical science basis, Contribution of Working Group I to the Fifth Assessment Report of the Intergovernmental Panel on Climate Change, Cambridge University Press, 2013.
　気象庁『気候変動監視レポート 2016』気象庁、2017年、36ページ

ニュースキーワード 15
地球温暖化と台風

　気象災害といえば、日本に住んでいる多くの人が、台風（第6章）を思い浮かべると思います。水蒸気が豊富な熱帯で生まれ、初夏から初秋にかけて日本に暴風雨や高潮をもたらす台風は、地球温暖化が進むとどのように変わるのでしょうか？

　台風は、世界で熱帯低気圧とよばれている現象のうち、日本の南、太平洋の熱帯海上で発生する強いものを指します。世界の気候モデルによるシミュレーションの結果では、台風を含む世界の熱帯低気圧の全体数は減るものの、災害に直結するような猛烈なものの数は増加し、それに伴い雨量も増えるといわれています（日本気象学会 2014、金田 2018）。

　日本を襲う台風はどのように変わるのでしょうか？　台風は、フィリピン付近を中心とした熱帯の海上で発生しますが、温暖化が進行すると、台風が発生しやすい地域が東側、中央太平洋にずれることがわかっています（Yoshida *et al*. 2017）。さらに、台風の進行方向を決める風の流れも変わるため、台風はより東に流されやすく、従来よりも、東日本の東方海上を抜けていくことが多くなる可能性があります（日本気象学会 2014）。

　ただし、台風の予測には大きな課題があります。現在、地球温暖化の予測に使用されている気候モデルの大多数は、数十kmから数百kmの規模で起こる大気の動きまでしか計算できず、それより細かな積乱雲の振る舞いなどは簡単化して表現しています。そのため、大ざっぱな台風の動きは表現できていても、台風の眼や渦の構造を十分に再現できておらず、将来の変わり方の予測が

どこまで信頼できるのか、はっきりしていません。

　このような課題を克服するため、最先端のスーパーコンピュータ（第4章）を使用した大規模計算によって、台風の細かな構造まで再現できる高解像度モデルを使って、台風の変化を予測する試みが進められています。

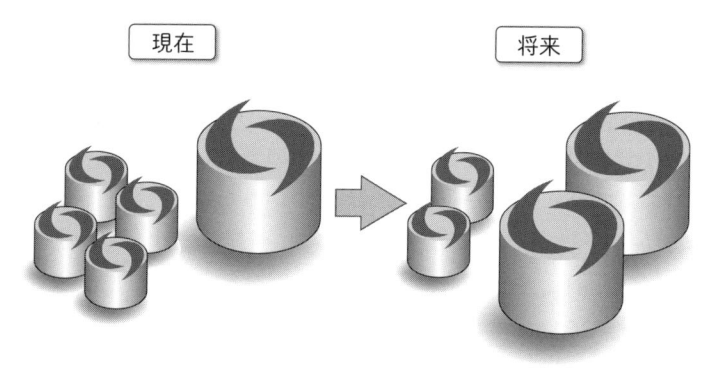

現在　　　　　　　　　　将来

▶**図**　台風の全体的な数は減るものの、猛烈な台風が増える。

【**参考文献**】　金田幸恵「100年後の台風－地球温暖化は台風にどのような影響を与えるか？」『台風についてわかっていることいないこと』ベレ出版、2018年、201–237ページ
　日本気象学会（編）『地球温暖化 そのメカニズムと不確実性』朝倉書店、2014年、 91ページ
　Yoshida, K., M. Sugi, R. Mizuta, H. Murakami, and M. Ishii, Future changes in tropical cyclone activity in high-resolution large-ensemble simulations, Geophysical Research Letters, vol. 44, 2017, pp. 9910–9917.

ニュースキーワード 16
地球温暖化と桜の開花日

　かつては、桜の満開といえば4月の入学式の時期だったのに、いまでは3月の卒業式のシーズンに早まってしまった、という地域も少なくないのではないでしょうか?　実際、日本各地では桜の開花や満開の時期が早まる傾向にあります。気象庁は、1953年から各地の桜の開花・満開日をはじめとした、生物季節(季節の変化に反応して動植物が示す現象)のデータを記録・公開しています。それによると、たとえば福岡の桜の開花日は、過去65年間で8日ほど早まっていることがわかります。

　そもそも、桜の「開花日」はどうやって決められているのでしょうか?　気象庁では、各地の特定の桜の木を「標本木」に定めて、その木の5〜6輪が咲いた日を「開花日」と定義しています。たとえば、東京の桜の開花は、靖国神社境内にある標本木を、毎日、気象庁職員が目で確認し、開花したかどうかチェックしています。その他、民間企業では、その地域の桜のうち、数割が花を咲かせ始めた日を開花日としているケースもあります。

　「今年のお花見はいつにしよう?」そう考えて、住んでいる地域の開花・満開予想を調べる人は多いと思います。かつては気象庁が発表していた「さくらの開花予想」は、2009年に打ち切られ、いまでは代わりに民間企業数社が、独自の方法で開花を予報しています。

　年によって、開花が早かったり、遅かったりするのはなぜでしょうか?　桜の花のもととなる芽は、前年の夏頃につくられ、しばらく休眠したあと、冬の寒さを経験して目を覚まします。この現

象を「休眠打破」といいます。休眠打破のためには、冬の間、十分に低い温度に一定期間さらされる必要があります。つまり、例年より、冬の厳しい寒さが訪れるのが遅れた場合、目を覚ます時期も遅れ、開花が遅れます。

　また、休眠打破のあと、開花するためには春の暖かさが必要です。春先に例年よりも暖かい日が続けば、開花は早まります。地球温暖化が進むと、春の暖かい時期は早く訪れますが、休眠打破の時期との兼ね合いもあるので、どの地域でも開花が早まるとは言い切れないかもしれません。

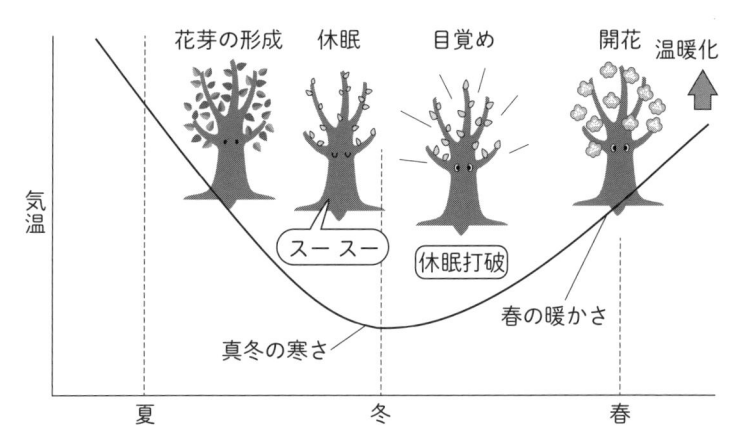

▶**図**　冬の寒さと春の暖かさで決まる開花時期は、温暖化するとどうなる？

ニュースキーワード 17
アイスアルベドフィードバック

　寒いから雪が降る。これは当たり前の感覚ですね。では雪があるから寒い。これを実感できる人は、すでに気候変動を肌の感覚で理解しているのかもしれません。

　太陽光は赤外線から紫外線までさまざまな波長が合わさった光で、日射によるエネルギーが地球の気温を生命活動に適したものにしてくれています。日射のエネルギーの受け取り方は地表面の状態によって大きく変わります。雪や氷のような白い色の物体は、日射のエネルギーをほとんど反射してしまいます。一方で水面や地面、植生のような濃い色の物体は日射のエネルギーをよく吸収し、物体自体が温まるとともに、周囲の気温も上昇します。

　つまり同じ日射量でも、雪や氷があるかないかの違いによって、「暖かいところはより暖かくなり、さらに融解が進む、冷たいところはより冷たくなり、融解しにくい」という正のフィードバック効果が生まれます。これをアイスアルベドフィードバックといいます。「アルベド（Albedo）」とは太陽光の反射率のことで、地面や海水面では0〜20％ですが、積雪や海氷面では80％ほどです。これほど違うのですね。

　アイスアルベドフィードバックは、気候変動を理解するためのもっとも重要なキーワードの一つです。いったん何らかの要因で海氷や積雪域が通常よりも少なくなると、日射エネルギーの吸収量が増えて気温が上昇し、雪や氷の融解が加速度的に進んでいきます。このような加速度的な温暖化が起こっているのが、まさにいまの北極です。

一方、億年単位の時間スケールを対象とする古気候学では、地球全体が雪と氷に覆われていた時代があったという説が主流となっています。そのような地球の状態をスノーボールアースとよんでいます。スノーボールアースとなる外的要因は地殻変動に起因する温室効果ガスの減少であるとされますが、そのような外的要因から加速度的に地球全体が冷えたのは、まさにアイスアルベドフィードバックの効果です（中島・田近 2013）。

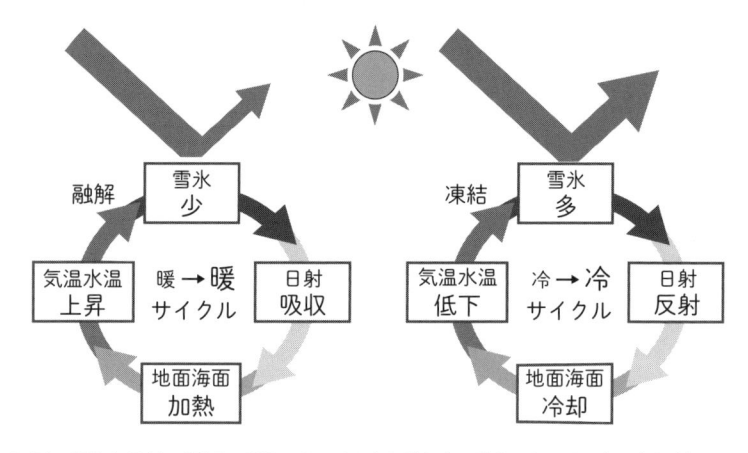

▶**図**　雪氷と日射の関係。暖かいところはより暖かく、冷たいところはより冷たくなる。

【**参考文献**】　中島映至・田近英一『正しく理解する気候の科学』技術評論社、2013年

青い北極（Blue Arctic）

　将来の気候を予測する温暖化シミュレーションからは、夏の北極海の海氷は2050年頃には消滅してしまう可能性も指摘されています。北極海を覆っていた白い氷がなくなり、一面青い海に変わる状態、これを「青い北極（Blue Arctic）」とよび、自然環境への影響、そして人間社会への影響が注目されています。ここでは気象がどう変わるのか、考えてみましょう。

　夏は日射の吸収により北極が温まることで、上空のジェット気流が弱く、大きく蛇行するようになり、ブロッキング現象などの異常気象が増えるかもしれません。夏の間に海に蓄積された熱量は、冬の海氷生成も妨げます。冬も同様に、ジェット気流の大蛇行と異常気象に見舞われるかもしれません。

　一方で、海氷がなくなった海からは大量の水蒸気が大気中へ放出されるので、低層雲や降雪量が増えると予想されます。積雪の増加は気候を寒冷化させますが、雲の増加は寒冷化にも温暖化にも作用します。このようにいくつかのプロセスが複雑に絡み合うため、じつは夏の北極海の海氷が消滅した世界で、どのような気候変化が起こるのか、よくわかっていないというのが実情です。

　しかしいずれにせよ、自然環境にとっても人間社会にとっても、その適応限界を超えるような急激な気候の変化は、望ましいものではないはずです。

　実際に、青い北極時代が来る証拠はあるのでしょうか？　アメリカ大気海洋庁（NOAA）による最新のレポート（Arctic Report Card 2018）では、北極海に存在する海氷のうち、数年間を超えて残る

海氷（多年氷）は30年前と比べて95％（！）も減少しているとのことです。青い北極時代はすぐそこまで来ているのかもしれません。

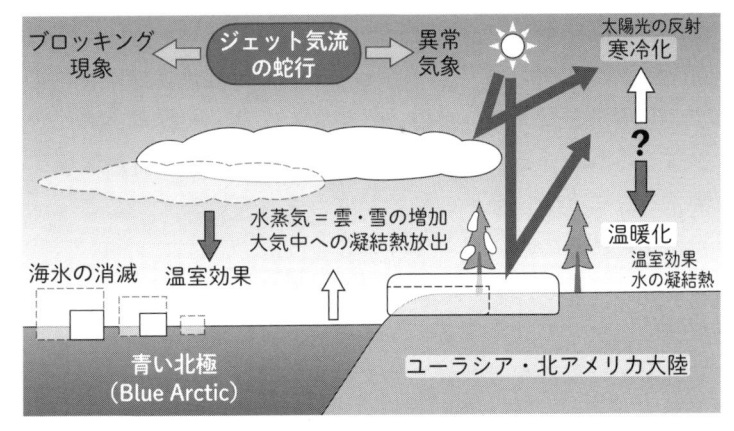

▶**図**　北極海の海氷の消滅。そのときの気候変化は？

ニュースキーワード 19
地球温暖化と成層圏

　温室効果ガスが増加すると、ご存じのように、地表付近を含めた対流圏は温暖化しますが、成層圏は寒冷化します。これは温室効果ガスの増加が熱の放射を強めるためで、下層大気から放出される熱エネルギーは地表を温め、地表の熱が再度大気を温めますが、上空にある成層圏の大気から放出される熱は宇宙空間へ逃げていき、戻らないからです（2.1節、64ページ）。

　地球温暖化対策の一丁目一番地が温室効果ガスの排出削減であることは、口を挟む余地はないでしょう。1997年の京都議定書や、2015年のパリ協定（ニュースキーワード13、86ページ）により定められた排出量削減の実践のためには、国際的な連携が重要です。

　同様の国際的な取り組みとして、成層圏のオゾン層保護を目的とし、1987年に採択された「モントリオール議定書」があります。モントリオール議定書は、オゾン層を破壊する恐れのある、人為起源のフロンガス類の排出を規制し、人の健康や自然環境への影響を防止することを定めた取り組みです。モントリオール議定書で定められた規制は、何度かの改正を経て、いま現在も続いています。フロンガス類のなかには、二酸化炭素よりもはるかに強力な温室効果を持ったものも存在し、温暖化対策としても引き続き規制が強化されています。

　フロンガス類規制の効果により、地球全体のオゾン量はゆるやかに回復傾向にあります（WMO and UNEP 2018）。一方で、気候学的な観点では、成層圏は年々、寒冷化する傾向にあり、寒冷な成層圏では、オゾン破壊を促進する化学的な性質を持った、極成

層圏雲（真珠母雲）という雲が発生しやすくなります。このことから、今後数十年は引き続き、オゾン層の動向に注意が必要との報告もあります。実際に2011年には、北極成層圏に非常に寒冷な極渦が定在したことでオゾン層破壊が進み、これまで存在しなかったオゾンホールが北極でも観測されました。

主なフロンガス類のオゾン層破壊係数*と地球温暖化係数**

フロンガス類	化合物名	オゾン層破壊係数	地球温暖化係数	用途など	
CFCs（クロロフルオロカーボン）	CFC-11	1	4750	冷蔵庫用の冷媒、スプレー缶の噴射材	モントリオール議定書の対象（オゾン層保護）
	CFC-12	1	10900		
	CFC-113	0.8	6130		
HCFCs（ハイドロクロロフルオロカーボン）	HCFC-22	0.055	1810	代替フロン	
	HCFC-141b	0.11	725		
HFCs（ハイドロフルオロカーボン）	HFC-125	0	3500	代替フロン（オゾン層破壊を起こさないが、強力な温室効果を持つ）	京都議定書の対象（地球温暖化対策）
	HFC-134a	0	1430		
	HFC-23	0	14800		
PFCs（パーフルオロカーボン）	PFC-14	0	7390		
SF6（六フッ化硫黄）	SF6	0	22800	工業用途や絶縁性ガス	

（*オゾン層破壊係数は、CFC-11 の持つオゾン層破壊係数を 1 としたときの相対値、
**地球温暖化係数は、二酸化炭素の持つ温室効果の強さを 1 としたときの相対値）
出典：IPCC 第 4 次評価報告書（2007）および地球環境研究センター（2014）

【参考文献】 World Meteorological Organization, Scientific Assessment of Ozone Depletion: 2018, Global Ozone Research and Monitoring Project–Report No. 58, 2018. (https://ozone.unep.org/science/assessment/sap)
　国立環境研究所 地球環境研究センター（編）『地球温暖化の事典』丸善出版、2014年
　IPCC, Climate Change 2007: The physical science basis, Contribution of Working Group I to the Fourth Assessment Report of the Intergovernmental Panel on Climate Change, Cambridge University Press, 2007.

2018年7月豪雨と私の研究

釜江 陽一

うだるように蒸し暑い日が続く、日本の夏とは対照的に、アメリカ・カリフォルニア州では、湿度の低いカラッとした日が続きます。カリフォルニア州の南端にあるサンディエゴで2年間、研究のために滞在していた私は、カリフォルニアでたびたび豪雨災害を引き起こす「大気の川」という現象に興味を持ち、現地の研究者と共同研究を進めていました。

大気の川は、熱帯の暖かく湿った空気と高緯度の冷たく乾いた空気がぶつかりあう中緯度で、2つの空気がぶつかったときに大量の水蒸気が上空を流れる現象です。冬のカリフォルニアでは、低気圧とともに東進してきた大気の川が、西海岸の山脈にぶつかって、豪雨や洪水をもたらします。そのため、日々の天気予報でも使われるほど、浸透している言葉です。

2017年に滞在を終えて帰国したのち、ショッキングなニュースが日本を駆け巡りました。2018年の7月上旬に、西日本を中心とした広い範囲で豪雨が発生し、洪水や土砂災害によって200人を超える方が亡くなったのです。岡山県倉敷市真備町では、豪雨によって小田川が決壊し、広い範囲で住居の2階屋根まで浸水する被害が出ました。

私は、気候が長時間かけて変化する様子を主に研究していたので、毎日の天気の移ろいをきちんと追えておらず、2018年7月豪雨と呼ばれるこの災害が起こることを、事前に予期することができませんでした。このニュースを見て、私に何かできることはないのかと思うと同時に、なぜ、台風でもないのにこのように広い範囲で次々に豪雨災害が発生したのか、疑問に思いました。

そこで、気象データを詳しく調べたところ、当時、日本の南海

上から大量の水蒸気が運ばれ、日本の上空を通過していたことがわかりました。その様子は、当時、共同研究を進めていた「大気の川」そのものでした。このときに日本上空を流れていた水蒸気の量を、川の流量と同じように水の流れに換算してみると、世界最大の流量を誇るアマゾン川の2倍以上でした。

　大気の川は、日本をはじめとしたアジアではあまり注目されていなかったのですが、今回の豪雨災害を目の当たりにし、日本でも大気の川がどのように豪雨をもたらすのか、何日前から予測できるのか、研究を進めるべきとの認識を新たにしました。現在、国内外の研究者と協力しながら、日本を襲う大気の川の実態について、研究を進めています。

2018年7月5日21時

▶図　2018年7月に日本を襲った大気の川。風と水蒸気の流れの強さを、矢印と色で示している。

第 **3** 章

気候は生活に
どのような影響を
及ぼしているのか？

3.1──そもそも人は天気から逃れられない?

━━ 日本の一年は過酷?

　日本は、世界的に見ても、一年の寒暖差が大きな気候の国です。東京の場合、最寒月にあたる1月平均気温の平年値は5.2℃、最暖月の8月は26.4℃で、その年較差は21.2℃もあります。モスクワなど亜寒帯の都市でも、これより大きな気温の年較差も見られるの

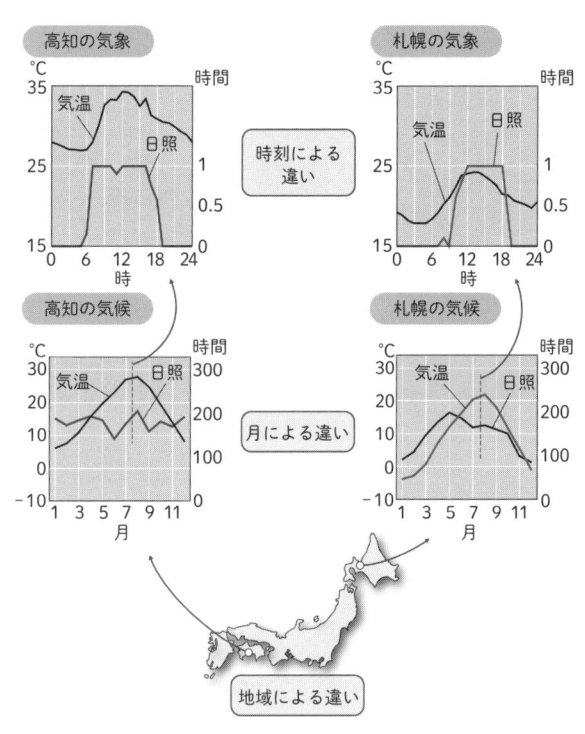

▶図1　日本は地域によって気象も気候も大きく違ってくる。また、同じ地域でも月によって気候が違い、さらに一日のなかでも時刻によって気象が違う。

ですが、日本の特徴は、一年のあいだに暑いから寒いまでにいたる環境を経験する点にあります。そのため日本人は、この過酷な気候に適応する工夫を、古代より生活様式に取り入れてきました。

日本列島は緯度方向に伸び、起伏に富んだ地形をしています。これに季節風や海流の影響も加わって、日本の気候は地域によって大きく異なっています。読者のみなさんも、日本海側や太平洋側などの気候の違いを学校で習った記憶があると思います。たとえば、北海道は一年のなかでも夏は冷涼だが冬の寒さが厳しい一方、太平洋側の都府県だと、夏の暑さは厳しく冬は乾燥しやすいといった特徴があります。住む人たちは、その地域特有の気候にさらされると同時に、一日のなかの気象変化にもさらされながら暮らしています（図1）（ニュースキーワード11、56ページ）。

■ 世界ではメジャーな生気象学

極端な暑さや寒さは、人の健康に悪影響を及ぼします。日本では夏になると、猛暑による熱中症患者の増加をよく耳にします。気象や気候と病気の関係は古くから世界中で知られており、科学的な研究が数多く存在します。このような学問分野は「生気象学」とよ
ばれ（図2）、国際生気象学会（International Society of Biometeorology；略称はISB）という国際学会もあります。生気象学の研究対象は人に限らず、家畜や果樹など動植物も範疇となり、乳牛の熱ストレスによる乳質の低下や、植物開花の早晩（ニュースキーワード16、93ページ）を調べた研究などもあります。

したがって生気象学は、学際色の濃い研究分野といえます。病気を対象とした研究には医学や衛生学の知識、動植物を対象とした場合には生物学や農学の知識、人の快適性を対象とすれば医学だけでなく建築学の知識まで必要になってくる、まさに気象学＋

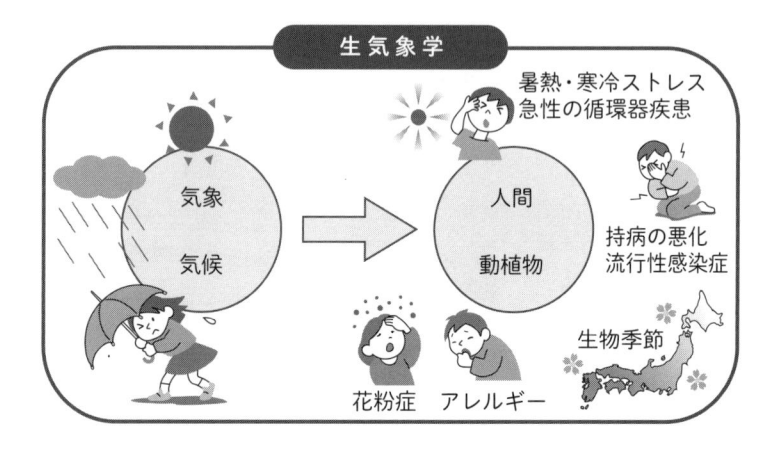

▶**図2** 生気象学のイメージ図。気象と気候は、人の生活や動植物の生態にさまざまな影響を与えている。

α（$+\beta+\cdots\cdots$）という知の集結です。

気象病と季節病

　私たちの体は、つねに大気にさらされています。このため大気で起こる変化は、体へダイレクトに伝わることになります。一日または数日間の気象変化によって惹起する疾病を、気象病とよびます。気圧や気温の急変は、体にそなわる自律神経機能を不安定にさせ、循環器や呼吸器の調節に悪さをします。気象病としては、リウマチ、気管支喘息、頭痛、めまいなどが有名ですが、病名のはっきりしない心身の不調である不定愁訴を訴える人もたくさんいます。温帯低気圧の前線通過や台風の接近は、短時間に気温や気圧の大きな変化を引き起こすため、気象病の発症には要注意です。

　一年のなかの季節変化によって惹起する季節特有の疾病は、季

節病とよばれます。先述の気象病と同じ疾病もありますが、熱中症やインフルエンザなどは、夏の暑さや冬の寒さを要因とする季節病の典型といえます。

　気象病や季節病は人によって感度の差が大きいため、症状の現れ方や程度もさまざまで、規則性もはっきりしませんが、確率的な発症リスクの増減は、天気予報や気象観測データをもとに、ある程度予測できます。冒頭で述べたように、日本は気象も気候も、時間的・地理的に変化の激しい国です。そのなかで生活する私たちは、いかにして快適な温熱環境を維持し、気象病や季節病に罹患しないようにするか、工夫が必要です。

3.2—暑さがもたらす影響とは?

■ 昼も夜も暑い……

日本の夏の最高気温は、年々上昇しているようです。暑さを示す指標として気温を使った場合、日中の最高気温が35℃以上の猛暑日、夜間の最低気温が25℃以上の熱帯夜があります。気象庁によって気象観測が何十年も同じ場所で行なわれてきた大

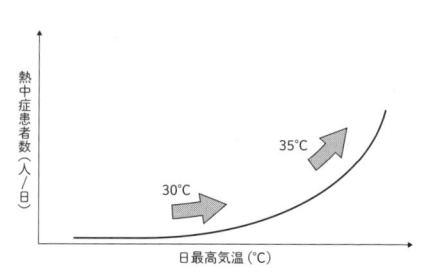

▶図1 日最高気温と熱中症患者数の関係(イメージ図)。日中の最高気温が30℃くらいから熱中症患者が増えはじめ、35℃になると急増する。

阪市の場合、猛暑日の日数が1970・80年代は5日にも満たない年が多かったようですが、2000年代に入ってからは1ヶ月近くにのぼる年も珍しくなくなっています。

日最高気温が高くなると、熱中症患者は増加する傾向にあります。図1のように、最高気温が30℃を超えてくると、救急車で搬送される熱中症患者が増えだすといわれています(小野2012、森本・中井2016)。熱帯夜を記録する日も昔に比べて格段に増えてきており、先述の大阪市では、日数が1ヶ月を超える年は普通で、2ヶ月に近づく勢いです。このため熱中症が夜間でも発生したり、暑さによる睡眠不足を訴える人も増えています。

■ 暑さの指標は気温だけではない

人に暑さを感じさせる気象要素は、気温だけではありません。

風が弱いと、体から熱が大気へと逃げにくくなります。湿度が高いと、汗が蒸発することで奪われる気化熱も起こりにくくなります。そのため、実際の気温以上に暑く感じます。熱中症を発症する生理学的なメカニズムを考えても、気温に加えて湿度・日射量・風速も包括して体への影響を考える必要があります（ニュースキーワード22、126ページ）。それに答えるものが「温熱指標」です。これは、言いかえれば体感温度に近いイメージです。

　温熱指標は古くから世界各国でつくられてきており、比較的簡単に使える「不快指数」や「WBGT（wet-bulb globe temperature）」をはじめ、人体モデルを使って数値計算から求める「SET*（standard new effective temperature）」や「UTCI（universal thermal climate index）」など、数多くあります。暑い気象か寒い気象か、屋外環境かそれとも室内環境かなど、評価対象にする条件や目的によって温熱指標が使い分けられています（図2）。

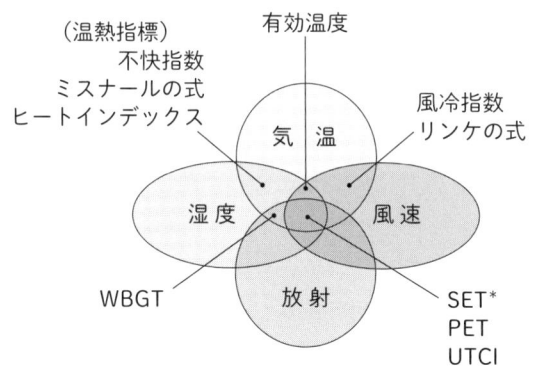

▶**図2**　気象要素と、それを組み合わせた温熱指標の関係。温熱指標の種類によっては、暑熱環境または寒冷環境のみに適用できる指標、人の着衣量や代謝量を考慮した指標まである。

　猛暑は人以外の生き物にもダメージを与えます。牛やニワトリといった家畜も熱中症になります。人と違い自分の行動によって体温調節ができないため（ニュースキーワード22、126ページ）、畜産農家は毎日、飼育小屋の環境温度に気を配らなければなりません。

　暑さに弱い農作物も、たくさんあります。日本には高温多湿な気候に適応できる農作物が栽培されていますが、猛暑日が何日も続いたり、40℃に届く極端な高温が発生したりすれば、収穫量や品質が下がる恐れもあります。そのような高温障害は、露地栽培が主となる稲や野菜、果樹にまで及びます。この場合も畜産と同様に、農家は何らかの対策をとらなければならず、多大な労力とコストがかかってしまいます。2010年に起こった夏の異常高温と少雨は、日本各地で米の品質低下や野菜・果樹の収穫減など、多くの農業被害を引き起こしました（松村 2011）。

■ 暑さに慣れる

　先に述べたように、人には効果的な放熱機能がそなわっているおかげで、気象環境が変化しても、ある程度は体温を一定に保てます。ただ、この放熱機能を最大限に働かせるために、本格的に暑くなる時期よりも前から体を暑さに慣らしておくとよいそうです。

　実際、熱中症患者は8月に比べて、夏に入って間もない6月や7月、梅雨明け直後のほうが急増するといわれます。図3には、梅雨明け以降に発生した、大阪府の熱中症患者数と最高気温の関係を示してあります。梅雨明け直後は最高気温の高い日に患者が急増しやすい傾向が見られますが、夏本番に入って、お盆を過ぎた時期には最高気温が高くても患者は梅雨明けのときほど増えることはありません。

　これは暑熱順化とよばれる現象で、適度な暑さのなかに身をおくことによって、体の体温調節機能が暑熱環境にうまく順応して働くようになります。梅雨明け直後は体がまだ暑さに慣れていない時期であり、熱中症には十分な注意が必要です。

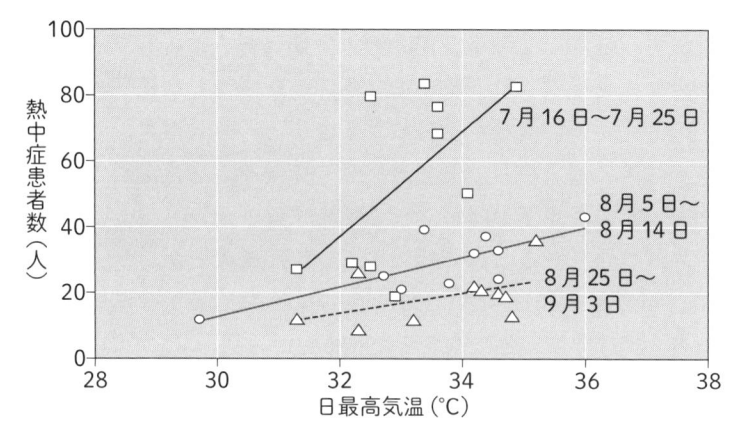

▶**図3**　2012年夏に大阪府で記録された日最高気温と熱中症患者数の関係。梅雨明け直後（7月16日～7月25日）は最高気温が高い日ほど患者は急増するが、8月に入ってからは（8月5～14日、8月25日～9月3日）、最高気温が高い日でも梅雨明け直後のような急増は見られない。気象庁（https://www.data.jma.go.jp/obd/stats/etrn/index.php）と 消 防 庁（http://www.fdma.go.jp/neuter/topics/fieldList9_2.html）の公開データを用いて作図。

【**参考文献**】　松村伸二「2010年夏季の異常高温と農業被害――水稲を中心として」『自然災害科学』第30巻2号、2011年、169-192ページ
　森本武利・中井誠二「熱中症（II）熱中症の疫学」『産業医学ジャーナル』第39巻4号、2016年、24-30ページ
　小野雅司「2010年夏の熱中症」『気象研究ノート』第225号、2012年、29-35ページ

3.3——寒さがもたらす影響とは?

■ インフルエンザの流行

いくつかの感染症の流行も、気象や気候に関係することが知られています。日本では毎年、1000万人を超える人がインフルエンザに罹患すると推定され、本格的な冬のシーズンには連日、テレビなどのメディアで流行が話題になります。インフルエンザ・ウィルスが体内に侵入することで発症し、ウィルスを含んだ他人の咳やクシャミのしぶき(飛沫)を吸い込んで感染する「飛沫感染」と、ウィルスの付着物を触ることで感染する「接触感染」があります。

2015年12月〜2016年2月（2015年度）の冬は全国的な暖冬であった一方、2017年度の冬は寒冬となりました。図1には、2015年度、2016年度、2017年度の3シーズンの冬に報告されたインフルエン

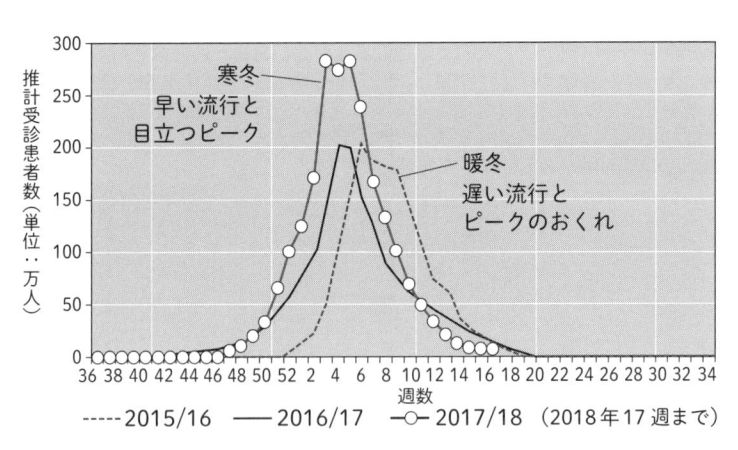

▶**図1** 2015〜2016年（2015年度冬）、2016〜2017年（2016年度冬）、2017〜2018年（2017年度冬）の3シーズンに報告されたインフルエンザ患者数の変化。国立感染症研究所（2018）の図をもとに作成。

ザ患者数の変化を示しています。寒冬の2017年度は12月に入って間もなく流行をむかえ、年明け1月には大流行した様子がわかります。ちなみにこの年は、全国で2000万人を超える累計受診者数が推定されました（国立感染症研究所 2018）。一方、暖冬の2015年度は年を越してから流行が始まり、ピークも遅れぎみになりました。

こういった疫学的な観察だけでなく、実験などからも、気象条件とインフルエンザ・ウィルス感染の関係が明らかにされています。そこでは、湿度の低い乾燥した気象環境ほどウィルスの生存時間が長くなる結果が示されており、たとえばHarper (1961) は、室温20.5～24.0℃の場合、相対湿度が40%よりも低くなるとウィルスの生存時間が長くなることを確認しています。動物実験による感染率の調査からも、温度と湿度の両方を上昇させることで空気中の水蒸気量を増やせば、インフルエンザ・ウィルスの感染リスクを抑えられるとわかっています（Lowen *et al.* 2007）。

■■■ 寒さの健康影響も深刻

じつは、暑さよりも寒さが原因で死亡する人のほうが世界的に多く、日本も例外ではないそうです（Gasparrini *et al.* 2015）。ある意味で、夏の熱中症よりも深刻な健康影響といえます。ただ、寒さに起因する死亡は夏の暑熱障害よりもわかりにくく、また多様性を見せます。寒冷環境下で、人の体にはどのような生理応答が現れるのでしょうか？

低温が直接的な原因で死亡する深刻な疾患に、低体温症や凍死が挙げられます。これは、低温環境に長時間さらされることで体温調節機能が追いつかず、低体温がかなり進行した極端なケースです。人は体温を一定に保つ機能を有する恒温動物です。寒さで

体温が下がりすぎないよう、代謝やふるえによる熱産生が体で起こります。一方、気温の低下によって体から熱を大気へ逃がさないよう、自律神経を介して体の表層の血管を収縮させます。ところがこの反応は、血圧を上昇させることにもつながり、血管には大きな負荷がかかります。そのため発症リスクの高まる疾患が、脳や心臓に関わる循環器系に起こりやすくなります。

■ 寒さが引き金となる急性疾患の怖さ

人の体は自律神経（ニュースキーワード22、126ページ）によって常に制御されています。自律神経が人の意識に関係なく内臓をうまく動かしてくれているのですが、一日のなかで、そして一年のなかで、この自律神経の働き自体も変化しています。

夏は自律神経のうち副交感神経とよばれる神経が優位となるため、血管が拡張して、血圧も下がりぎみになります。一方で冬は交感神経とよばれる自律神経が優位となり、夏とは正反対に血管は収縮して、血圧が上昇しやすい状態です。夏は体から熱を逃がしやすくし、冬は熱を逃がしにくくする働きがありますが、血圧が上がる冬の季節は心筋梗塞や脳梗塞、脳出血などの致死的な急性疾患が増えるといわれます（図2）。特に高齢者は動脈硬化や高血圧の進行によって、その発症リスクがより高まるので要注意です。

家のなかにいる場合でも、暖かい空間と寒い空間の行き来によって、「ヒートショック」（ニュースキーワード23、129ページ）という恐ろしい現象が体に起こります。図2を見ると、北日本よりも西日本などの太平洋側の地域で、気温が低い月ほど心筋梗塞の死亡率の上昇が顕著だとわかりますが、これには住宅の断熱性の違いが影響していると指摘されています（濱田ほか 2012）。

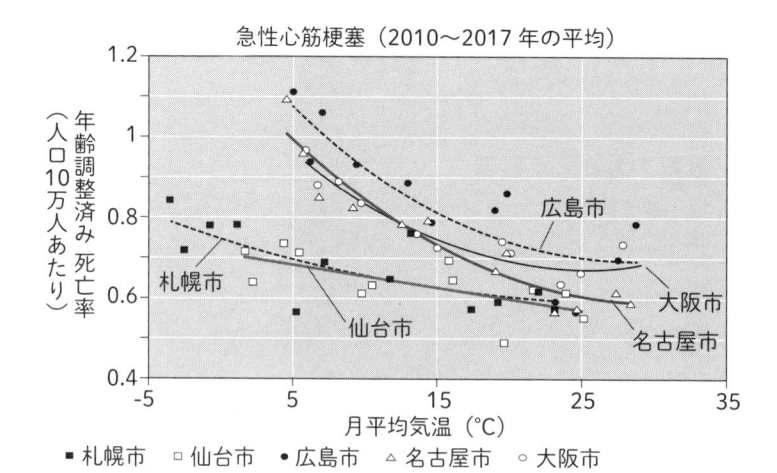

▶図2 月平均気温（2010〜2017年の8年平均）と急性心筋梗塞の死亡率との関係。新治（2019）の図を一部改変。

【参考文献】 国立感染症研究所「今冬のインフルエンザについて（2017/18シーズン）」https://www.niid.go.jp/niid/images/idsc/disease/influ/fludoco1718.pdf

Gasparrini, A., et al., Mortality risk attributable to high and low ambient temperature: a multicountry observational study, Lancet, vol. 386, 2015, pp. 369-375.

濱田直浩ほか「人口動態統計を用いた住宅内の安全性に関する研究 その5 月平均気温・住宅の地域性が疾病発生・入浴死に与える影響の分析」『空気調和・衛生工学会大会学術講演論文集』2012年、2099–2102ページ

Harper, G. J., Airborne micro-organisms: survival tests with four viruses, Journal of Hygiene, vol. 59, 1961, pp. 479-486.

Lowen, A. C., S. Mubareka, J. Steel, and P. Palese, Influenza virus transmission is dependent on relative humidity and temperature. PLOS Pathogens, vol. 3, 2007, pp.1470–1476.

新治直之「季節と地域の違いが循環器疾患の死亡率に与える影響」『平成30年度岡山理科大学生物地球学部生物地球学科卒業論文』2019年

3.4──大気汚染がもたらす影響とは?

▬ 健康影響と気候影響

　大気汚染の原因にはさまざまな物質（ガスから粒子状物質まで）がありますが、大気汚染の影響は大きく分けると2つあります。一つは、人などが呼吸によって大気汚染物質を取り込むことで起こる健康影響。そして、もう一つは、大気汚染物質の特に粒子状物質（Particulate Matter: PM）（ニュースキーワード25、134ページ）による気候影響（たとえば、太陽光を散乱・吸収したり、雲の核になったり）が挙げられます（図）。

▬ 健康影響は出るが原因物質の特定は難しい大気汚染

　大気汚染といっても、ガス状から粒子状物質までいろいろあり、さらには、粒子状物質自体もその大きさはさまざまです。実

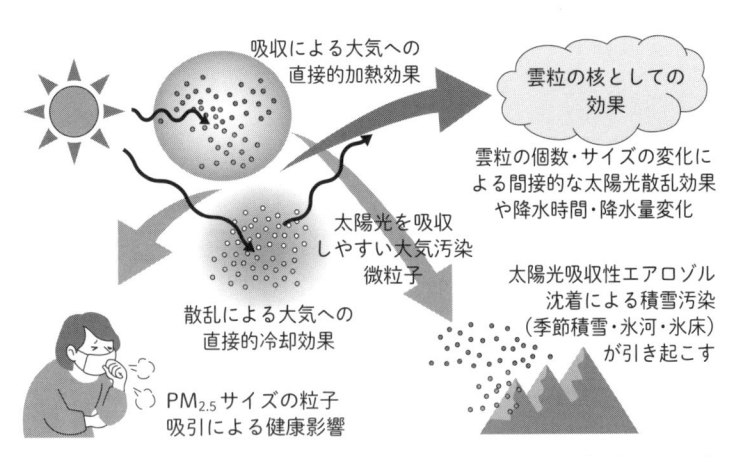

▶図　大気中のさまざまなサイズ・特徴を持つ大気汚染微粒子（大気エアロゾルともいう）による健康・気候影響の模式図（以下の参考文献をもとに作成）。

際に、大気汚染が発生するときには、事故などで特定の大気汚染物質が放出されるケースでなければ、多数の大気汚染物質がさまざまな起源から発生し、混在しながら輸送されていきます。

また輸送過程において、他の大気汚染物質を取り込みながら運ばれることもあるため、場合によってはさらに複雑な混合状態となります。さらには、輸送時の降水・降雪や大気循環などの状況によって、その拡散や大気からの除去の度合いも、そのときどきで大きく変わってきます。

そのさまざまな混合状態のなかで、健康に影響のある小さな大気汚染微粒子(PM$_{2.5}$)の濃度を大気汚染の指標とし、世界保健機関(World Health Organization: WHO)や日本などは環境基準を設定しています(ニュースキーワード25)。

■■■ 大気汚染の健康影響

WHOの最近の報告によると、世界では10人のうち9人が高濃度の大気汚染微粒子を吸っていて、大気環境と室内の大気汚染で、毎年およそ700万人の方が亡くなっています(https://www.who.int/news-room/detail/02-05-2018-9-out-of-10-people-worldwide-breathe-polluted-air-but-more-countries-are-taking-action)。また、この報告において、その死因は、微粒子が肺(肺がんや呼吸器系の疾患など)や心血管系(脳卒中や心臓病など)へ影響を与えることによるとされています。

たとえば、最新の研究では、中国では、2015年に161の都市において、65万2000人がPM$_{2.5}$に関連して亡くなっていると見積もられており、そのうち半分以上の約52%が脳卒中が原因で亡くなり、次いで虚血性心疾患、慢性閉塞性肺疾患、肺がん、急性下気道感染症の順に多いと分析されています(Maji *et al.* 2018)。また、他の疫学調査においても、大気汚染微粒子によって、喘息などの呼吸器系の疾

患で入院する15歳未満の子供患者が有意に増加するというような報告もあります（Tacer *et al.* 2008）。

おそらく多くの方が、大気汚染が肺や呼吸器系に影響を与えそうだとはすぐに想像できるかと思いますが、大気汚染微粒子が肺・呼吸器系疾患だけでなく、心血管系の疾患も引き起こす（Maji *et al.* 2018, Kim *et al.* 2015）のは、意外と知らない方も多いのではないかと思います。

いずれにしても、大気汚染環境下にいることは（曝露されることは）、健康を害する要因となりえるので、大気汚染の発生原因も含めて、対策を考える必要があります。

■ 大気汚染の気候影響

116ページの図をもう一度見てください。大気中にある微粒子の総称である大気エアロゾルは、その微粒子の大きさや光学的な特性により、太陽光を散乱したり吸収したりすることで、大気を冷却したり暖めたりして、放射収支へ影響を与えます（IPCC 2007、IPCC 2013）（IPCC報告書については、ニュースキーワード12、84ページも参照）。また、雲粒の核となることで、雲の生成・維持を通して間接的にも放射収支に寄与します（IPCC 2007、IPCC 2013）。

さらに、これらの大気エアロゾルのうち太陽光を吸収するものが積もった雪に落ちると雪が汚れます。雪が汚れると雪の太陽光反射率「アルベド」が下がるため、より熱（この場合、太陽光）を吸収しやすくなり、雪がより融ける方向へ進みます（Warren and Wiscombe 1980、Qian *et al.* 2015）。この雪の融解がますます加速するように雪の変質・融解プロセスが進んでいく正のフィードバック（2.2節）のことを、雪（もしくはアイス）－アルベドフィードバック（ニュースキーワード17、95ページ）といいます（Qian *et al.* 2015）。太陽光吸収性エアロゾルによる積雪汚染で雪のアルベドが下がる

　と、地面が熱を受け取りやすくなることで、その後の大気との熱
や水などのやり取りがさらに変化して（他のフィードバックが起こ
り）、地域的な大気・水循環にも変化が起こり、それがさらには他
地域も含む広域の気候へ影響を与えることにつながります（たと
えば、Qian *et al.* 2015, Yasunari *et al* 2015, Lau *et al.* 2018）。

　このように大気汚染微粒子は、大気や雪氷などのフィードバッ
クプロセスを通じて、地球の気候へも影響を与えているのです。

【参 考 文 献】　IPCC, Climate Change 2007: The physical science basis, Contribution of Working Group I to the Fourth Assessment Report of the Intergovernmental Panel on Climate Change, Cambridge University Press, 2007.

IPCC, Climate Change 2013: The physical science basis, Contribution of Working Group I to the Fifth Assessment Report of the Intergovernmental Panel on Climate Change, Cambridge University Press, 2013.

Kim, K.-H., E. Kabir, and S. Kabir, A review on the human health impact of airborne particulate matter, Environ. Int., vol. 74, 2015, pp. 136–143, doi:10.1016/j.envint.2014.10.005.

Lau, W. K. M., J. Sang, M. K. Kim, K. M. Kim, R. D. Koster, and T. J. Yasunari, Impacts of snow darkening effects by light absorbing aerosols on hydroclimate of Eurasia during boreal spring and summer, Journal of Geophysical Research: Atmosphere, vol. 123, 2018, pp. 8441–8461, doi:10.1029/2018JD028557.

Maji, K. J., A. K. Dikshit, M. Arora, and A. Deshpande, Estimating premature mortality attributable to PM2.5 exposure and benefit of air pollution control policies in China for 2020, Science of the Total Environment, vol. 612, 2018, pp. 683–693, doi:10.1016/j.scitotenv.2017.08.254.

Qian, Y., M. G. Flanner, L. R. Leung, and W. Wang, Sensitivity studies on the impacts of Tibetan Plateau snowpack pollution on the Asian hydrological cycle and monsoon climate, Atmospheric Chemistry and Physics, vol. 11, 2011, pp. 1929–1948, doi:10.5194/acp-11-1929-2011.

Qian, Y., T. J. Yasunari, S. J. Doherty, M. G. Flanner, W. K. M. Lau, J. Ming, H. Wang, M. Wang, S. G. Warren, and R. Zhang, Light-absorbing particles in snow and ice: measurement and modeling of climatic and hydrological impact, Advances in Atmospheric Sciences, vol. 32, no. 1, 2015, pp. 64–91, doi:10.1007/s00376-014-0010-0.

Tacer, L. H., O. Alagha, F. Karaca, G., Tuncel, and N. Eldes, Particulate matter (PM2.5, PM10-2.5, and PM10) and children's hospital admissions for asthma and respiratory diseases: a bidirectional case-crossover study, Journal of Toxicology and Environmental Health: Part A, vol. 71, no. 8, 2008, pp. 512–520, doi:10.1080/15287390801907459.

Warren, S. G. and W. J. Wiscombe, A model for the spectral albedo of snow. II: Snow containing atmospheric aerosols, Journal of the Atmospheric Sciences, vol. 37, 1980, pp. 2734–2745, doi:10.1175/1520-0469(1980)037<2734:AMFTSA>2.0.CO;2.

Yasunari, T. J., R. D. Koster, W. K. M. Lau, and K.-M. Kim, Impact of snow darkening via dust, black carbon, and organic carbon on boreal spring climate in the Earth system, Journal of Geophysical Research: Atmosphere, vol. 120, 2015, pp. 5485–5503, doi:10.1002/2014JD022977.

海風

　テレビなどで流れる海水浴のニュース映像は、夏の風物詩です。夏になると毎日のように、体にまとわりつく熱い空気から逃れたい気持ちに駆られます。じつは夏の海には、冷たい海水だけでなく、冷たい空気も豊富に存在しています。海水につからなくても、砂浜で海からの冷たい空気を浴びるだけで、じゅうぶんな"海風"浴を味わえます。

　海水は陸地よりも暖まりにくく冷めにくいという特徴をもっています。物理学の言葉を使えば、海水は比熱が大きいといえます。日中には太陽エネルギーの吸収によって陸地の温度はどんどん上昇していきますが、海水は比熱が大きいことと、海流による混合作用もあって、表面温度があまり変化しません。

　陸地では大気が暖められることで上空の気圧が高くなり、相対的に海上での同じ高さでの気圧は低くなります。陸と海の大気のあいだに生じたこの気圧差は力となって、高圧から低圧へと空気が移動する現象を引き起こします。上空で空気が陸から海へ移動したことで、地上付近ではその上に積み重なった空気の量が変わるため、やがて地表付近でも気圧差が生じはじめ、海上で高圧、陸上で低圧の関係が見られます。そして、海上から陸上に向かって空気が移動することになります。陸上にいる私たちはこれを、「海から吹いてくる風」として感じているのです。気象学ではこの現象を「海風」とよびます。夜間には真逆の作用によって、陸から海に向かって吹く「陸風」が現れます。

　諸条件によって違ってきますが、海風の強さは風速4〜5m/sほ

どで、体感でもはっきりとわかる風です。この冷たい風は数十km内陸にまで侵入することが知られていますが、海岸に近い場所ほど冷気の恩恵を受けます。海水浴で海水につからなくても、涼しさを楽しめそうです。海風は、海岸付近にある工場などの煙突から流れ出る煙によっても可視化されます（図1）。

　海に近い地域では、日中は海風、夜間には陸風という、一日のなかでの風向の移り変わりが見られます。風向が移り変わる朝と夕方の時間帯には、「凪（なぎ）」とよばれる無風の状態が現れます（図2）。特に瀬戸内海で夕方に見られる凪は、「瀬戸の夕凪」として知られます（大橋2018）。凪が起こると、日中の涼しかった海風はぴたりと止み、蒸し暑さがやってきます。風が吹かないぶん、体感温度も急上昇しそうです。

▶**図1**　煙突からの煙で可視化された海風の流れ。

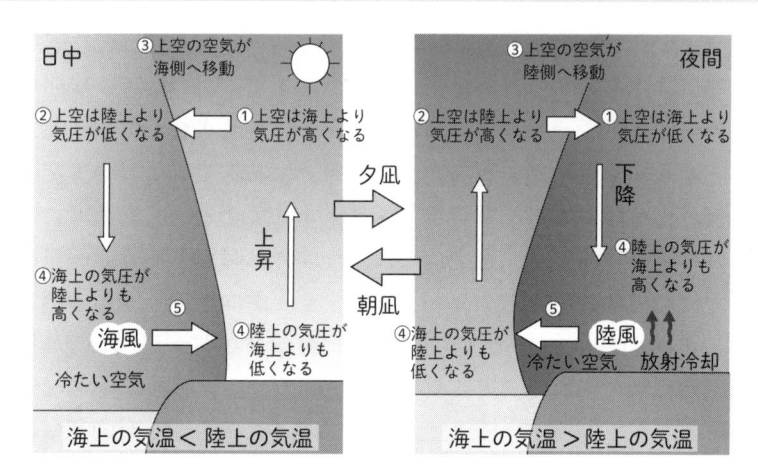

▶**図2** 日中に現れる海風（左）と、夜間に現れる陸風（右）。この交代期にあたる朝と夕方には、凪とよばれる現象が見られるときがある。

【参考文献】 大橋唯太「岡山県の気候」『日本気候百科』丸善出版、2018年、318–325ページ

ニュースキーワード 21
ヒートアイランド現象

　お天気キャスターが屋外で温度計を持って「いまの気温は〇℃です！」と、お茶の間に伝える臨場感は、お天気ニュースの鉄板。暑い夏の季節になると、テレビなどでよく目にする映像です。このとき、「ヒートアイランド現象」という言葉も同時に耳にするかもしれません。図1に、ヒートアイランド現象の概念図を示しています。じつは、日中と夜間では、発生するメカニズムが少し異なっています。

　ヒートアイランドとは一般に、人口や人間活動が集中する都市部の気温が郊外よりも高くなる現象で、地球温暖化（第2章）と同じく人為的に発生します。

　日中はおもに、人間活動に起因する（交通や建物などからの）人工排熱や、温度の上がりやすいコンクリートやアスファルトからの（大気乱流による）熱輸送が、都市部の気温を押し上げます。自然地が少なく、土壌からの水分蒸発が減ってくることも一因です。水の蒸発は熱をうばう効果が期待できますが、乾燥した都市部ではそれが見込めません。

　一方の夜間は、都市部の人工排熱や熱輸送は減りますが、密集した高層建物が空へ逃げていく赤外線を吸収・再放射して起こる、放射冷却の抑制が、ヒートアイランド現象を生み出す主役になってきます。

　ヒートアイランド現象による気温上昇は、年々どのように変化してきているのでしょうか？　100年前に比べて東京で3℃ほど、大阪、名古屋でも2〜2.5℃も年平均気温が上昇しています（図2）。

この値は、図中に示された日本の都市化の影響が小さな地域や、日本近海の海面水温と比べても（1℃前後）、かなり大きいとわかります。

日中は大気の対流が1〜2kmの高度まで活発になることが多いため、都市から発生した熱も高い大気層まで拡散していきます。ところが夜間はその対流が弱く、大気も熱的に安定化（大気の下層ほど低温となった状態で、冷たく重い空気の上に暖かく軽い空気が存在するような条件。この場合、空気どうしが混合しにくくなる）しやすいため、熱が数十〜数百mほどのごく下層までしか拡散できなくなります。また、海風など強い移流がなくなることも加わり、夜間のほうが都市の広がりに沿った（同心円状に近い）ヒートアイランド現象が現れやすくなります。

したがって夜間の気温に限れば、図2で示した100年前からの気温上昇は、もっと大きな値になっていることが容易に予想できます。

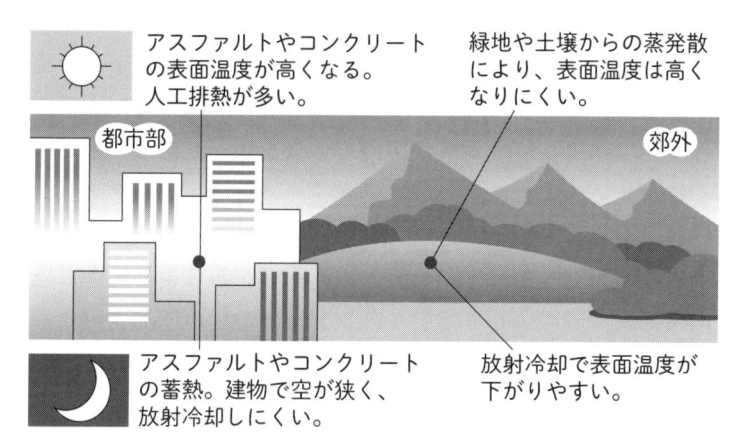

アスファルトやコンクリートの表面温度が高くなる。人工排熱が多い。

緑地や土壌からの蒸発散により、表面温度は高くなりにくい。

都市部

郊外

アスファルトやコンクリートの蓄熱。建物で空が狭く、放射冷却しにくい。

放射冷却で表面温度が下がりやすい。

▶**図1** ヒートアイランド現象のイメージ。日中（上）と夜間（下）では、支配的になる要素が異なる。

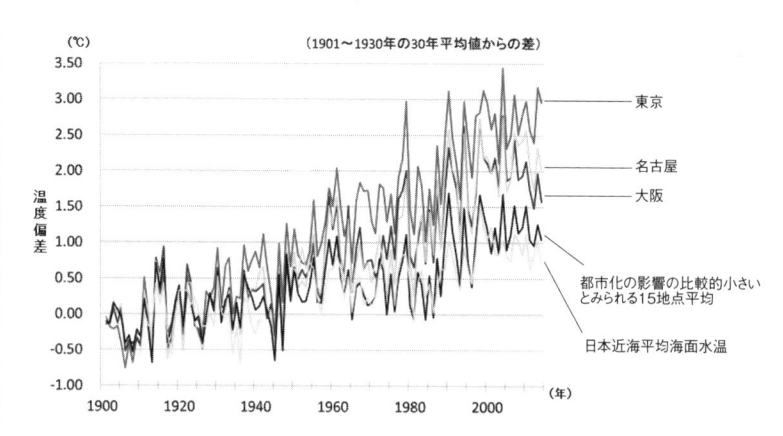

▶**図2** 東京・大阪・名古屋について、1901年からの気温上昇を比較した図。比較のため、都市化の影響が小さい地域、日本近海の海面温度の上昇も示している。気象庁ウェブサイトより転載（https://www.data.jma.go.jp/cpdinfo/himr_faq/03/qa.html）。

熱中症

　毎年のように、夏になると頻繁に出てくるニュースキーワードが熱中症です。熱中症の患者数は年々、増加しています。厚生労働省（2018）の報告によれば、毎年全国で500人前後、猛暑の年になると1000人以上の方が熱中症で亡くなっているそうです。その一因に高齢者人口の増加が挙げられますが、子どもや高齢者は体温調節機能の働きが弱いため、熱中症を発症しやすいといわれます（井上 2004）。

　気象や気候がある程度変化しても、人は体温を自ら一定に保つことのできる恒温動物です。その仕組みはよくできています（図）。体の表層を走る血管が広がることで血流を増やし、血液中に含まれる余分な熱を皮膚から大気へと逃がします。また、汗をかいて蒸発を促し、気化熱を奪うことでも体表面の温度を下げようとします。これらの放熱効果は、体にそなわる体温調節反応であり、自律神経の活動によって意識せず起こります。これを「自律性体温調節」とよびます。

　熱中症を防ぐには、自律性体温調節だけでなく、着衣を調整したり冷房を使うといった行動によって体温を調節しようとすることも重要です。これを「行動性体温調節」とよびます。

　2つの体温調節が効果的に働けば、熱中症の発症リスクを下げられますが、冒頭で触れたように、乳児など特に小さな子どもや高齢者の場合には行動性体温調節も難しくなってきます。一方で日常生活の活動レベルが高い、運動部の学生や、屋外作業に従事する大人も、熱中症には十分な注意が必要です。

　熱中症が社会問題化している日本では、政府機関や自治体、関連する学協会がWBGT（wet-bulb globe temperature）とよばれる熱中症指標の使用を推奨しており、マスコミでも取りあげられるようになっています。一般の人がなじみやすいよう、WBGTは暑さ指数という呼び方で見かけることもあります。WBGTは、3つの温度を測定することで熱中症リスクを算出できる簡便さをもっており、以下のような計算式となっています。

　WBGT = 0.1×乾球温度 + 0.2×黒球温度 + 0.7×湿球温度

（いずれの温度も℃の単位をもつ）

　黒球温度とは、おもに日射や赤外線など周囲からの電磁波を吸収する、黒色の球体を使った温度計によって測定される温度のことで、グローブ温度ともよばれます。

　計算されたWBGTの値から、表に示す熱中症予防指針のどのレベルに相当するかを読み取ることができます。WBGTと熱中症の

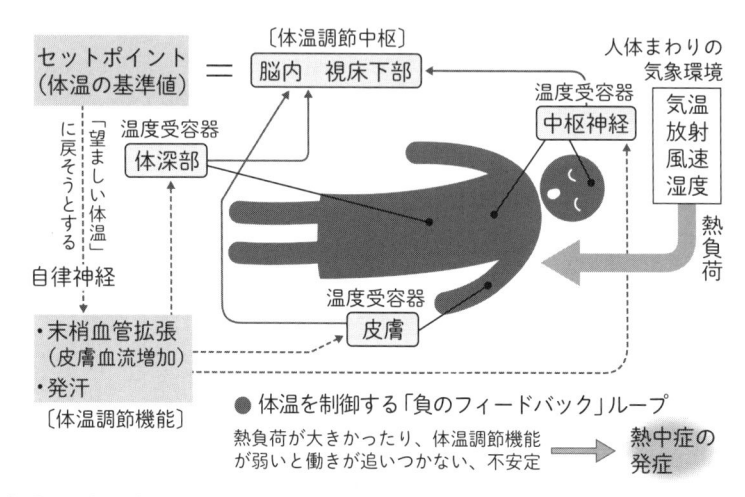

▶**図**　暑熱環境における人の体温調節機能と熱中症の関係。

危険レベルを現地で測定できる安価な携帯機器も販売されているので、個人の熱中症予防に役立ててはいかがでしょうか？

　WBGT（暑さ指数）については、環境省「熱中症予防サイト」（http://www.wbgt.env.go.jp/wbgt_lp.php）で詳しく知ることができます。

WBGT の数値	運動条件（日本体育協会）		日常生活条件（日本生気象学会）	
	危険レベル	注意の目安	危険レベル	注意の目安
31℃〜	運動は原則中止	運動は中止	危険	すべての生活活動で発生する危険
28〜31℃	厳重警戒	激しい運動は中止	厳重警戒	すべての生活活動で発生する危険
25〜28℃	警戒	積極的に休養	警戒	中等度以上の生活活動で発生する危険
21〜25℃	注意	積極的に水分補給	注意	強い生活活動で発生する危険
〜21℃	ほぼ安全	適宜水分補給		

▶**表**　運動時・日常生活時の熱中症リスクとWBGTの対応表。日本体育協会と日本生気象学会からそれぞれ公表されている予防指針をまとめたもの。

【**参考文献**】　井上芳光「子どもと高齢者の熱中症予防策」『日本生気象学雑誌』第41巻1号、2004年、61-66ページ
　厚生労働省「年齢（5歳階級）別にみた熱中症による死亡数の年次推移（平成7年〜29年）〜人口動態統計（確定数）より」https://www.mhlw.go.jp/toukei/saikin/hw/jinkou/tokusyu/necchusho17/dl/nenrei.pdf
　日本生気象学会「日常生活における熱中症予防指針（Ver.3確定版）」http://seikishou.jp/pdf/news/shishin.pdf
　日本体育協会（現 日本スポーツ協会）「熱中症予防のための運動指針」https://www.japan-sports.or.jp/medicine/heatstroke/tabid922.html

ニュースキーワード 23
ヒートショック

　"ヒートショック"。言葉の響きからは、夏に関係した用語に思えますが、じつは冬に起こりやすい現象です。ニュース記事などでも最近みかけるようになりました。ヒートショックは人の体に生じる現象で、短時間に急激な温度差を経験したとき、血圧や心拍が不安定化することが誘因となります。脳や心臓に疾病が急性発症する危険な現象です。

　ヒートショックによって毎年、全国で1万人を超える人が亡くなっているとされ（堀1999）、これは熱中症の死亡者数の10倍以上の数字です。典型的なリスク環境に、冬のお風呂場があります。暖房のきいた暖かい部屋から寒い脱衣所へ、そして熱い湯船につかるという一連の行動は、体に大きな温度差をもたらします。冬の時期、生活する部屋と脱衣所の気温差が10℃以上あると、ヒートショックのリスクが高まるという報告もあります（高崎2013）。

　図は、冬に起きやすいヒートショックの状況を示しています。寒い脱衣所で裸になると、熱が逃げるのを防ぐため、体の表層部を走る血管が収縮します。熱い湯船から寒い脱衣所へあがったときも同様です。血圧はいっきに上昇し、脳梗塞や心筋梗塞の発症につながる危険が高まります。反対に寒い脱衣所から熱い湯船へ、寒い脱衣所から暖房のきいた部屋へ移動したときには血圧が急激に下がるため、脳貧血によって意識を失い転倒する危険性もあります。

　また、トイレも暖房設備のない部屋である場合が多く、排せつのときにはさらに血圧が急上昇します。お風呂場だけでなくトイ

レでもヒートショックには要注意です。

このように、急激な温度変化に対して、瞬時に対応しようとして自律神経機能が働くのですが、そのことが急性疾患の引き金になる恐れもあります。冬は暖房器具を積極的に利用して、部屋の温度差を小さくする工夫をしましょう。

特に高齢者は寒さにさらされることによる血圧上昇が顕著で、冬季入浴時の急激な温度変化によって血圧が20mmHgも乱高下したり、特に循環器疾患の有病者がヒートショックの高リスクになったりするなどの測定結果も報告されています（Kanda *et al*. 1995）。

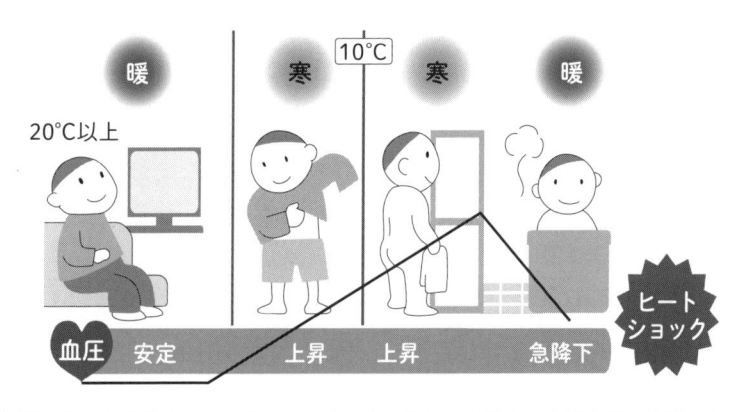

▶**図**　冬に起きやすいヒートショック。家のなかでも暖かい空間と寒い空間のあいだの移動によって、血圧が急上昇や急低下を起こしやすい。

【**参考文献**】　堀進悟「入浴中の突然死」『日本温泉気候物理医学会雑誌』第63号、1999年、7–8ページ

　　Kanda, K., J. Tsuchiya, M. Seto, T. Ohnaka, and Y. Tochihara, Thermal conditions in the bathroom in winter and summer, and physiological responses of the elderly during bathing, Japanese Journal of Hygiene, vol. 50, 1995, pp. 595–603.

　　高崎裕治『健康に暮らすための住まいと住まい方エビデンス集（1-4)』技報堂出版、2013年、22–27ページ

ニュースキーワード**24**

肱川あらし

　最近テレビ番組などでもよく取りあげられるようになった"肱_{ひじ}
川あらし"。一級河川の肱川の河口がある、愛媛県大洲市長浜で出
現する、世界的にも珍しい気象の現象です。霧と一緒に強風が肱
川の河口を吹き抜ける現象を、地元では肱川あらしとよんでいま
す。

　この地域の地形は特徴的で、峡谷が10kmほど続いて瀬戸内海に
つながっています（図1）。狭い谷のせいで夜中から早朝にかけて
風が強まり、瀬戸内海へと吹き出します。峡谷の一部が特に狭く
なっていることが肱川あらしの強風を生む要因といわれ、このよ
うな局地風は気象学でgap windとよばれています（荒川 2006）。
強いときには10〜20m/sの風速に達し、風圧でうまく歩けないほ
どです。

　強い局地風は日本の他の地域でも見られますが（234ページの図
1）、肱川あらしが珍しいのは霧と一体化している点です。しかも、
肱川の川面から発生した蒸気霧と、内陸の大洲盆地で発生した放
射霧の両方が、肱川あらしの強風によって流されていきます。暖
かい水面の上を冷たい空気が通過した際に発生する霧を蒸気霧と
よび、地表面の放射冷却現象で空気が冷えた際に発生する霧を放
射霧とよびます。その光景は必見で（図2）、肱川あらしが発生し
そうな早朝には、多くの観光客やカメラマンの姿を見かけます。

　肱川あらしの幻想的な光景は、寒くなった季節に見られます。
蒸気霧や放射霧の発生を考えれば、10月下旬から12月上旬あたり
がベストでしょうか。一般に、風が強くなると体感温度は下がる

ので、肱川あらしが吹いている場所では実際の気温よりも体感温度はかなり低いことが予想されます。それでも長浜の住民の方たちは日頃から慣れているのでしょうか？　肱川あらしが特に強くなる赤橋（図1左）を毎朝通学する子どもたちは、元気そうに渡っています。まさに、"こどもはかぜのこ"ですね。

▶**図1**　愛媛県大洲市長浜にある肱川河口の風景。河口には橋が2本かかっており、上流側が長浜大橋で通称「赤橋」とよばれ、肱川あらしの観光スポットにもなっている（左）。この赤橋から上流の内陸を眺めると、地形がV字状の峡谷になっている様子がわかる（右）。

▶**図2**　肱川あらしが発生した早朝の風景。肱川の川面には蒸気霧が発生し、その上空には内陸で発生した放射霧が、肱川あらしの強風によって流されてきている（左）。特に蒸気霧は、瀬戸内海の海上に広がっている様子もわかる。赤橋を渡っていると、川面からの蒸気霧がまるで温泉の湯煙のように見えるが、このときかなり強い風を体験することになる（右）。

【**参考文献**】　荒川正一「gap windについて」『天気』第53号、2006年、161–166ページ

PM$_{2.5}$

　最近、ニュースでPM$_{2.5}$という言葉をよく聞くようになりました。多くの方は、「大気汚染の度合いを示すもの」という理解をしていると思います。一般的な言い方をすれば、PM$_{2.5}$は、「直径が2.5μm以下の、大気中に浮いている微粒子」のことですが、専門的に厳密にいうと、正確ではありません。この直径は、微粒子の測定時の空気力学的な粒径（実際の粒子は球形ではないので、仮想的な球形で、終末沈降速度が実際の粒子と同じで、密度が1g cm^{-3}の粒子の径: https://www.env.go.jp/air/report/h20-01/mat02_1.pdf）のことを指し、観測機器での測定時に粒子捕集効率が50%となる空気力学径が2.5 μmのものをPM$_{2.5}$とよんでいます（https://www.nies.go.jp/kanko/news/20/20-5/20-5-05.html）。つまり、厳密にいえば、PM$_{2.5}$には、2.5 μm以上の粒子も測定には含まれているのです。

　日本では、健康影響の観点からPM$_{2.5}$の環境基準が2009年に定められ、「日平均値で35μg m^{-3}以下かつ年平均で15 μg m^{-3}以下」であることが望ましいとされています（http://www.env.go.jp/air/osen/pm/info.html#STANDARD）。この日本の環境基準は、世界保健機関（WHO）が定めるものより緩いものとなっています（WHO 2006）。

　ちなみに余談ですが、日本において、PM$_{2.5}$の身近な発生源としては、喫煙が挙げられます（https://www.e-healthnet.mhlw.go.jp/information/tobacco/t-05-005.html）。ここで取り上げられている日本禁煙学会の「受動喫煙ファクトシート2」（日本禁煙学会 2010）によれば、屋内の喫煙の影響を受ける場所においては非常に高い

（健康にとって有害なレベル）PM₂.₅濃度になることが示されています。また、焼肉が好きな方も多いと思いますが、室内で焼肉をした場合にもPM₂.₅が非常に高濃度になることが報告されています（井奈波 2014）。PM₂.₅については日本エアロゾル学会による『みんなが知りたいPM₂.₅』（日本エアロゾル学会 2014）という本がよくまとまっているので、そちらもぜひご覧ください。

　ここでは、PM₂.₅とそのPM₂.₅を構成している代表的な（研究業界でよく扱われている）5種類の微粒子（エアロゾル）を取り上げて、地球全体での季節的な特徴を紹介したいと思います。NASAが作成している全球モデル（GEOS-5）（地球上のさまざまな物理・化学変数を計算する3次元の数値モデル）と衛星データ等の観測データを同化させた（反映させた）MERRA-2という最新のデータ（Bosilovich *et al.* 2015, Randles *et al.* 2017, Buchard *et al.* 2017）を2003〜2018年の平均値（気候値という）を使って説明します。

　5種類の微粒子とは、①砂漠など乾燥地域からの鉱物粒子（ダスト）、②海塩、③火山・海・森林火災から発生したガスの酸化や人為的な直接排出による硫酸塩（ここでは硫酸アンモニウムとして扱う）、④自然や人為の不完全燃焼環境下（ディーゼル、森林火災など）で発生するブラックカーボン（BC：黒色炭素）、⑤自然（森林火災起源、植生から発生した有機物の酸化など）・人為（化石・バイオ燃料など）起源のオーガニックカーボン（OC：有機炭素；ここでは有機物として扱う）です（Randles *et al.* 2017, Colarco *et al.* 2010）。これらのエアロゾルで2.5μmより小さいものの質量濃度の合計からPM₂.₅を計算しています（Buchard *et al.* 2016）。

　さて、地球全体でPM₂.₅が季節を問わず高いのは、アフリカから中東域です。これは、砂漠など乾燥地域からのダスト発生が主な原因です（PM₂.₅は図1、各種エアロゾルの季節ごとの割合は図2を参

照）。特に春から夏にかけては、南アメリカや北アメリカまでサハラ砂漠の砂が到達して、PM2.5の30%以上を占めています。

　北半球では夏に、北極圏及び周辺域であるアラスカ・カナダ・ロシア（シベリア域）で発生した森林火災（ニュースキーワード26）によって、これらの地域のPM2.5濃度が上昇しており（図1）、その多くは有機物です（図2）。BCも同様に火災から発生しますが、その割合は5%程度以内です（図2）。春にはバイカル湖東の地域や東南アジア、夏には、先の北極圏及び周辺地域に加えて南アメリカ

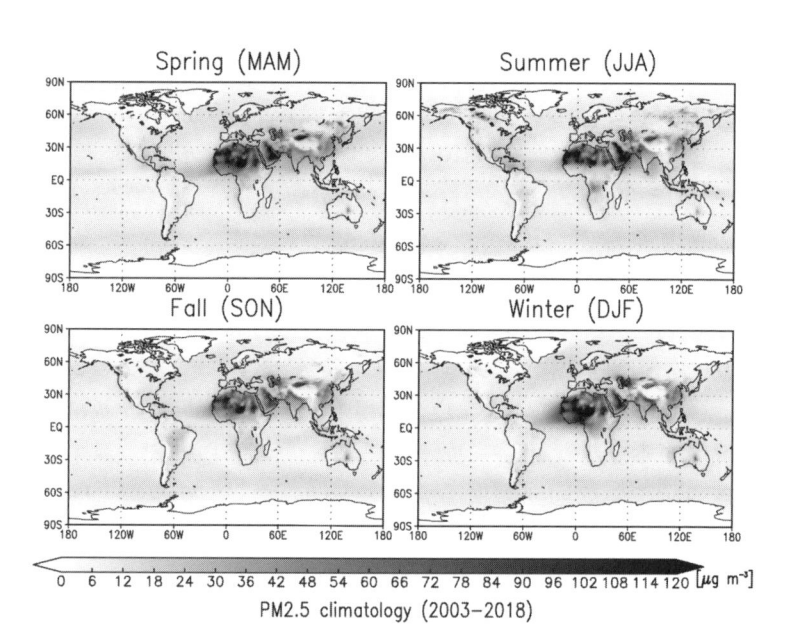

PM2.5 climatology (2003–2018)

▶**図1**　NASAのMERRA-2再解析データ（Bosilovich *et al*. 2015, Randles *et al*. 2017, Buchard *et al*. 2017）（衛星などの観測データとNASAが開発した全球モデルを組み合わせた全球のデータセット。陸・大気・海洋に関するさまざまな変数が利用できる）を元にして算出した、季節ごとのPM2.5（春：3〜5月、夏：6〜8月、秋：9〜11月、冬：12〜2月）。PM2.5は、Buchard *et al*.（2016）の方法で算出した。

のアマゾン域やアフリカ中央部・南部、秋には、夏季のこれらの地域（火災の規模は夏季より小さくなるが）に加え、インド・東南アジアやアメリカ北西部（カリフォルニアなど）で、火災起源と思われる大気汚染が増加しています。硫酸塩は人の活動によって発生することが多いため北半球で割合が比較的高いのですが、冬から春にかけて、北極域でその割合が増加しています。これはよく知られている、大気汚染が冬季に北極圏にたまる Arctic Haze とよばれる現象（Law and Stohl 2007）と矛盾しません。

　このように、研究業界でよく取り上げられている5種類の大気汚染微粒子だけに限っても、それぞれの種によって季節ごとにその変動の特徴が違うことがわかってもらえるかと思います。これらが複合的に組み合わさり、場所（国・地域など）・時間によって環境基準を超える大気汚染を時にもたらすことがあるため、地域・

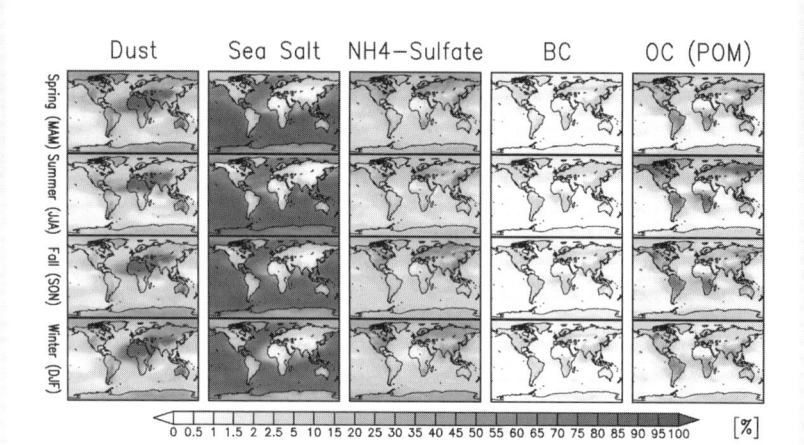

▶**図2**　図1でPM₂.₅の算出に使用した5種類のエアロゾル（PM₂.₅のサイズ粒径範囲のダスト、PM₂.₅のサイズ粒径範囲の海塩、BC、OC（OCを1.4倍した有機物種の粒子として計算（Colarco *et al.* 2010））、硫酸塩（硫酸アンモニウムとして計算（Buchard *et al.* 2016））の季節ごとのPM₂.₅中の割合。

国ごとに環境基準を超えないようにする対策が健全な衛生環境のために大事になります。NASA GEOS-5によって計算された高空間解像度の数値シミュレーションによる、これら5種類のエアロゾルの輸送の様子が全球でわかる動画がNASAから公開されていますので、ぜひそちらもご覧ください（https://svs.gsfc.nasa.gov/30017; https://gmao.gsfc.nasa.gov/research/aerosol/）。

【参考文献】 Bosilovich, M. G., et al., MERRA-2: Initial evaluation of the climate, NASA technical memorandum, vol. 43, 2015.

Buchard, V., A. M. da Silva, C. A. Randles, P. Colarco, R. Ferrare, J. Hair, C. Hostetler, J. Tackett, and D. Winker, Evaluation of the surface PM2.5 in Version 1 of the NASA MERRA Aerosol Reanalysis over the United States, Atmospheric Environment, vol. 125, 2016, pp. 100–111, doi:10.1016/j.atmosenv.2015.11.004.

Buchard, V., et al., The MERRA-2 Aerosol Reanalysis, 1980 onward. Part II: Evaluation and case studies, Journal of Climate, vol. 30, 2017, pp. 6851–6872, doi:10.1175/JCLI-D-16-0613.1.

Colarco P., A. da Silva, M. Chin, and T. Diehl, Online simulations of global aerosol distributions in the NASA GEOS-4 model and comparisons to satellite and ground-based aerosol optical depth, Journal of Geophysical Research, vol. 115, 2010, doi:10.1029/2009JD012820.

井奈波良一「民家の食堂における焼肉によるPM2.5の経時的変化」『日本職業・災害医学会会誌』第62巻4号、2014年、238–241ページ

Law, K. S. and A. Stohl, Arctic air pollution: Origins and impacts, Science, vol. 315, no. 5818, 2007, pp. 1537–1540, doi:10.1126/science.1137695.

日本エアロゾル学会『みんなが知りたいPM2.5の疑問25』成山堂書店、2014年

日本禁煙学会「敷地内完全禁煙が必要な理由」『受動喫煙ファクトシート2』2010年（http://www.nosmoke55.jp/data/1012secondhand_factsheet.pdf）

Randles, C. A., et al., The MERRA-2 Aerosol Reanalysis, 1980 onward. Part I: System description and data assimilation evaluation, Journal of Climate, vol. 30, 2017, pp. 6823–6850, doi: 10.1175/JCLI-D-16-0609.1.

World Health Organization, WHO Air quality guidelines for particulate matter, ozone, nitrogen dioxide and sulfur dioxide: global update 2005: summary of risk assessment, WHO Press, 2006. (https://apps.who.int/iris/bitstream/handle/10665/69477/WHO_SDE_PHE_OEH_06.02_eng.pdf?sequence=1).

謝辞 図のデータ処理及び作成は、筆者・安成とNASAの共同研究者（Dr. Kyu-Myong Kimと Dr. Arlindo M. da Silva）の共同研究によって行なわれた。また、NASAのNCCS（https://www.nccs.nasa.gov/）も使用された。

ニュースキーワード 26
森林火災

　みなさんは森林火災（wildfire）と聞いて何を思い浮かべるでしょうか？　山が真っ赤に燃える火事そのもののイメージを持つ方が多いかもしれません。しかし、それだけでなく、森林火災は、大気汚染の放出源にもなります。また規模によっては大災害にもなり得るもので、森林火災は毎年世界中で起こっています。2018年11月にアメリカのカリフォルニアで起こった、キャンプ・ファイアと呼ばれる、大規模な災害にもなった森林火災（https://en.wikipedia.org/wiki/Camp_Fire_(2018)）は記憶に新しいかと思います。そして、2019年の夏は、北半球の各地で記録的な猛暑となったことで、シベリア・アラスカなどで大規模な森林火災が起こり、これに伴う大気汚染（火災による煙）も発生しました（https://time.com/5641751/arctic-wildfires_heatwaves-alaska-climare-change/）。呼び方も林野火災や山火事といったり、森林火災や野焼きなども含めて総称でバイオマス燃焼（Biomass Burning: BB）といったりします。

　さて、そんなBBによる火災は世界的にどんな場所で、年間でどれくらい起こっているのでしょうか？　現在は、宇宙空間からの観測によって得られる衛星データがあるので、その衛星データを使うことで、これらの情報を得ることができます。

　図1はNASAのAquaとTerraという衛星に搭載された、MODISとよばれるセンサーで検出した火災の件数を、衛星データのグリッドごとに2018年の1年間でカウントしたものです。これには、もちろん、先ほどのカリフォルニアの火災も含まれています（カリフォルニアのあたりで火災件数が多くなっているのがわかります）。また、他

にも南アメリカ、アフリカ中央部・南部、インド北西部、東南アジア、ロシアの極東域あたりで火災の件数が多くなっています。この図を見てみると、砂漠などの乾燥地帯や北極圏の高緯度の地域（グリーンランドを含む）では火災が少ないのですが（実際には、火災がないわけでなく、グリーランドでも火災は2019年にも起こっています：https://earthobservatory.nasa.gov/images/145302/another-fire-in-greenland）、それ以外の場所では、ほぼ世界中で火災が頻繁に起こっていることがわかるかと思います。

　みなさんは、一年間で火災が世界中でこんなにも起こっているのかと驚いたのではないでしょうか？　もちろんこの衛星データからでは、この火災が人による人為的な火災なのか、雷などによる自然の火災なのか判断することはできません。ただし、このような衛星データに、植生の情報（その活動の季節サイクル）や、雷の発生状況、野焼きなど人の生活形態などの情報など、これまでの研究から得られた知見を合わせることで、野焼きなのか、森林火災（人為的発生や自然的発生）なのかはある程度は判断できます。

　火災が起こるということは、発生した場所から煙が出ます。そして、この煙は多くのガスや大気汚染微粒子（$PM_{2.5}$）も排出します（図2、ニュースキーワード25参照）。その結果、火災発生域及びその風下域は大気汚染に見舞われます。

　2014年7月には、シベリアで発生した大規模な森林火災によって、シベリアから日本の北海道までの広い範囲で高濃度の$PM_{2.5}$が見られた事例がありました（Yasunari *et al.* 2018）。このとき、札幌市が$PM_{2.5}$の測定開始以来初めて注意喚起を出すほどの出来事となりました（http://www.city.sapporo.jp/kankyo/taiki_osen/chosa/documents/140912_pm_youin.pdf）。また、2019年夏に起こったシベリアの大規模森林火災の煙による大気汚染は、アメリカやカ

ナダにまでも到達しました（https://www.nasa.gov/image-feature/goddard/2019/siberian-smoke-heading-towards-us-and-canada）。

　将来、地球温暖化がより進めば進むほど森林火災が増えるであろうと、地球上のさまざまな物理・化学量を数値計算で再現する気候モデルによって予測されています（この研究では、今後より精度の高い研究が必要と明記しつつ、地域や温暖化シナリオによっても異なるが、火災の燃料となる森林の利用可能状況、降水量、人為的な着火と関連があると議論しています）、その結果、そこから排出される大気汚染も増えることが予測されています（Veira *et al.* 2016）。さらに、西部アメリカ地域を対象とした他の研究では、80年代中頃の森林火災の増加は、春夏の気温上昇や春の早期融雪が原因として議論されています（Westerling *et al.* 2006）。

　最新のIPCC第5次評価報告書（IPCC 2013）では、20世紀半ば以降、北半球の積雪被膜（snow cover）はとても高い確率（very high confidence）を持って減っており、さらに将来的に北半球の高緯度における春の積雪被覆も温暖化が進めば減少する可能性が、とても高い（very likely）と報告されています。

　つまりこれらを踏まえると、今後、地球温暖化に伴って、森林火災とそれに伴う大気汚染はより身近な存在になる可能性があります。森林火災はその場所の土地・植生環境にも影響を与えますが、大気汚染にも直結するため、さまざまな環境問題に発展するかもしれません。今後、森林火災とそこから発生する大気汚染の状況把握と将来予測（予報も含む）が精度よくできることが、その火災や大気汚染の対策・対応を考えるために極めて重要となってきます。そのため、これらに関連した研究や技術開発が今後ますます活発に行なわれることが必要です。

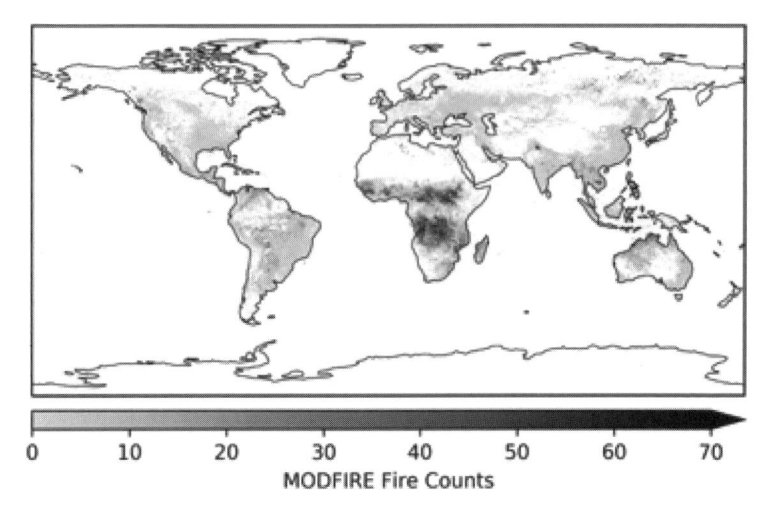

▶**図1** NASAの衛星Terra及びAquaに搭載されたMODISセンサーを使って検出された、2018年の緯度経度0.1度のグリッドごとにカウントされた火災発生件数。カウントには、日々のグリッド最大検出数を使用し、重複や重なっているデータについては調整していない。

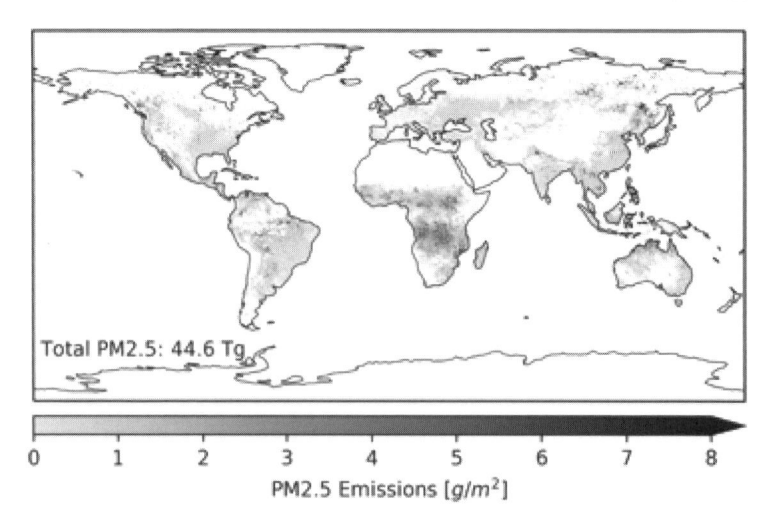

PM2.5 Emissions [g/m^2]

▶**図2** NASAの Fire Energetics and Emissions Research (FEER: https://feer.gsfc. nasa.gov/index.php) によって作成された Global Top-down Biomass Burning Emissions プロダクト（https://go.nasa.gov/2GzF3rd）を使って計算された、2018年に発生した火災から排出された $PM_{2.5}$（緯度経度0.1度のグリッド）。FEER の詳細は、Ichoku and Ellison（2014）を参照。

【謝辞】
　図1及び図2は Luke Ellison 氏（Science Systems and Applications, Inc., SSAI、及び NASA；作成当時）、Charles M. Ichoku 教授（Howard University 及び NASA）、Kyu-Myong Kim 博士（NASA）の好意によって作成及び提供された。

【参考文献】　Ichoku, C. and L. Ellison, Global top-down smoke-aerosol emissions estimation using satellite fire radiative power measurements, Atmospheric Chemistry and Physics, vol. 14, no. 13, 2014, pp. 6643–6667, doi:10.5194/acp-14-6643-2014.

Veira, A., G. Lasslop, and S. Kloster, Wildfires in a warmer climate: Emission fluxes, emission heights, and black carbon concentrations in 2090–2099, Journal of Geophysical Research: Atmosphere, vol. 121, 2016, pp. 3195–3223, doi:10.1002/2015JD024142.

　Westerling, A. L., H. G. Hidalgo, D. R. Cayan, and T. W. Swetnam, Warming and earlier spring increase Western U.S. forest wildfire activity, Science, vol. 313, 2006, pp. 940–943, doi: 10.1126/science.1128834.

Yasunari, T. J., K.-M. Kim, A. M. da Silva, M. Hayasaki, M. Akiyama, and N. Murao, Extreme air pollution events in Hokkaido, Japan, traced back to early snowmelt and large-scale wildfires over East Eurasia: Case studies, Scientific Reports, vol. 8, 2018, doi:10.1038/s41598-018-24335-w.

生気象と私の研究

大橋　唯太

　まだ駆け出しのころ、私は海陸風や霧などの局地気象学やヒートアイランド現象などの都市気候学を研究していました。風や気温の観測、コンピューターを使って気象の数値シミュレーションといった、文字どおり気象学研究の世界です。

　あるきっかけで、独立行政法人（現、国立研究開発法人）産業技術総合研究所で仕事をいただく縁がありました。そこでは人間活動と気象の関係について研究し、気象や気候が人間生活に強く影響を与えている事実を身近に知ることができました。今から思えば当たり前のことかもしれませんが、そのときまでは気象現象の性質や発生メカニズムを研究してきたので、狭い視野の自分に気づき、自分のなかで研究そのもののあり方を考えさせられる機会となったことを覚えています。

　もちろん気象現象自体を研究対象とするのは科学的に重要であり、その成果が予測や防災にもつながることに期待されます。しかし同時に、常に気象にさらされている人や動植物がどのような影響を受けているかにも目を向けるべきです。

　現在の職場である岡山理科大学生物地球学部は、生物と地球の密接な関係を扱う教育・研究を行なっており、ここで生気象学という学問分野に出会いました。学生も地球科学だけでなく生物学や考古学など幅広い分野を勉強してくるので、教員も普段から視野が広くなります。今では、人の健康（ストレスや病気）、生物季節（開花時期など）、農作物の成長（品質）に、気象・気候がどのような影響を及ぼすか、さまざまなテーマを学生たちと一緒に研究しています。

　3.1節でも紹介しましたが、生気象学は気象学や気候学の知識だ

けでなく、特に医学や公衆衛生学、健康科学の知識までも必要となる場合があります。まさに学際領域に位置する学問で、社会的要請も今後さらに強まってくることが予想され、研究者としてはやりがいのある研究課題が山積しています。

第 **4** 章

気象を語る
コンピュータの世界！

4.1——気象・気候の研究にどうして コンピュータが必要?

■ 大気の流れを表現する

みなさんは、海には流れがあること、いろいろな大きさの波が あることをよく知っていると思います。海は塩分を含んだ水、つ まり液体で満たされています。

大気は液体ではなく気体ですが、じつは大気にも流れや波が存 在しています。風があるので、大気が流れていることは容易に想 像がつきますね。図1のように縞模様をもつ雲が高いところにでき ることがあります。よく見ると海面の波に形が似ているようにも 思えますが、じつはこれは大気の波によってつくられています。

このように流れや波といった性質を持つ液体や気体を総称して

▶**図1**　大気中の波が雲によって可視化されている例（2019年8月25日・アメリ カ・コロラド州ボルダー市で筆者撮影）。

148

「流体」とよびます。流体の流れや波は、流体力学という物理学によって説明することができます。

流体力学は、数式の集合体で表現されています。数式というと小難しいように思われるかもしれませんが、数式で表現されているからこそ計算することができるのです。大気には水も含まれています。それは気体（水蒸気）であったり、液体（水）であったり、固体（氷）であったりします。これらの変化は物理法則に則って数式で表現できます。いま現在の気温や風速、湿度などを調べて数式に代入することで、未来の気温や風速、湿度を計算することができます。

■■■ リチャードソンの夢と電子計算機

日常生活のなかでも、簡単な計算であれば暗算をしたり、紙に書いたりして計算しますね。しかし、複雑な計算や、大きい桁の計算になれば電卓を使うと思います。気象・気候の研究も同じで

▶**図2**　リチャードソンの夢。たくさんの人が一堂に会して計算を行ない、天気予報を実現する。

す。簡単な計算であれば、手で計算できますが、大きな計算になると電子計算機「コンピュータ」を使用します。

1920年頃、まだ電子計算機がなかった時代の話です。イギリスのリチャードソンという研究者が6時間先の天気を自分の手で計算しましたが、その計算に1ヶ月もかかってしまいました。しかし6万人以上の人が集まって分担して同時に計算を行なえば、およそ6時間で計算を終え、天気予報を行なうことができるだろうと考えました（図2）。この計画が実現することはありませんでしたが、この発想は現在の数値予報の根幹を生み出した重要なものであり、「リチャードソンの夢」といわれています。

それから100年が過ぎた現代には、さまざまな電子計算機があります。最近よく見かけるスマートフォンも中身は計算機です。家庭にあるパソコンは、直訳すれば個人用電子計算機（パーソナルコンピュータ）ということになります。さらにパソコンを何台もつなげて大きな計算ができるように構成したクラスター（集合）計算機、パソコンよりも高性能な計算機を何千台もつなげたスーパーコンピュータまであります。

現在、気象・気候の研究に使われている数式の集合体は、さまざまな物理過程を含めた大規模なものであり、それらを速く解くためにはスーパーコンピュータが必要になる場合もあります。1年後の状態を調べるために、10年かかって計算していたのでは意味がありませんからね。

■ 数値シミュレーション

昔、電子計算機が使えなかった頃、研究手法はおもに観測、つまり現象を詳しく見ることと、理論、つまり現象を数式で表現する方法を導き出すことでした。しかし、電子計算機が使えるよう

になってから、数値シミュレーションという新たな研究手法が生まれました。

「シミュレーション」という英単語の訳の一つに「仮想現実」という意味があります。その仕組みについては第5章で詳しく説明しますが、簡単にいうと数値シミュレーションとは、電子計算機のなかに数式を用いて仮想現実を作成することです。地球儀には陸、海、国境しか書かれていませんが、もっとリアルな地球儀を想像してみてください。電子計算機のなかに太陽の光、海の温度、陸や山脈の形、風、気温、水蒸気、雲、そして雨のすべてを含めた模型を作成し、いま現在の状態にしておいて、電子計算機の膨大な計算能力によって模型を早送りすれば、明日の大気の状態がわかるという仕組みです。いわば「数値模型」です。

1960年代には大型電子計算機が開発され、数値シミュレーションが可能になりましたが、それは限られた人しか使えない手法でした。一般の研究者が電子計算機を使って数値シミュレーションを実施できるようになったのは1990年代頃でしょう。さらに2000年代になってパソコンが普及すると、より多くの研究者が数値シミュレーションを行なえるようになりました。いまでは、数値シミュレーションに基づいた非常に多くの研究が行なわれています。

では、どうして数値シミュレーションは重宝されるのでしょうか。数値シミュレーションには3つの強力な力があります。そのうちの一つは先に説明した「予測」という力です。現代の天気予報の精度が著しく向上した理由の一つは数値シミュレーションにあります。

もう一つの力は、観測や理論から見つかった現象を「再現」することです。つまり、発見したことの確かさを再確認するために使える力です。理論によって導き出された現象が実際に存在しう

るのか、数値シミュレーションで確かめることができます。

　そして最後は、現実にはあり得ないことを実験できる力です。数値シミュレーションは仮想現実ですから、自分に都合のよいようにつくり替えることもできます。たとえば、山に沿って起きた大雨があったとします。山の斜面に沿って風が吹き上がったことが雨雲をつくった原因だと考えたなら、山を削った（つまり平地にした）数値模型をつくって何が起こるか調べてみれば、その原因が一目瞭然というわけです。

■■ もっと高性能な電子計算機を

　数値シミュレーションの能力を十分に引き出すには、それに見合った計算機の性能が必要になります。人形やミニカーでも、より細かな構造や特徴までつくり込むことによって、よりリアルな模型になるでしょう。これは数値模型も同じことで、より精度の高い結果を得たければ、より詳細に、より複雑な物理過程を組み込む必要があります。しかしそれは、計算量を増やすことになりますから、より性能の高い電子計算機が必要になります。

　気象庁では可能な限り精度の高い天気予報をみなさんに届けるべく、最上級の性能をもつ数値模型を開発し、最先端のスーパーコンピュータを用いて日夜、計算を行なっています。また、現代の気象・気候研究者は、観測、理論、数値シミュレーションを組み合わせて、それぞれの長所を活かしながら日々研究を続けています。ですから、コンピュータは気象・気候の研究と切っても切れない関係にあるといえるでしょう。

【参考文献】　気象庁「数値予報の歴史」https://www.jma.go.jp/jma/kishou/know/whitep/1-3-2.html

4.2——そもそもスーパーコンピュータって いったい?

■ 電子計算機の生い立ち

みなさんの手元にある、電卓やパソコンといった機器はコンピュータ(電子計算機)とよばれるものです。スマートフォンもその仲間だといえるでしょう。電卓で計算をしたり、パソコンでインターネットのコンテンツを楽しんだり、スマートフォンでSNSメッセージを送ったりするとき、これら機器の内部では何らかの計算が行なわれています。

では、前節で出てきた「スーパーコンピュータ」とはどんな計算機なのでしょう。乱暴にいってしまえば「ものすごい計算機」、つまり他の電子計算機に比べて非常に高性能な計算機ということになります。何がものすごいのか、電子計算機の歴史を追いながら紐解いていきましょう。

1946年、ENIAC(エニアック)と名づけられた、世界初の電子計算機がアメリカで誕生しました。真空管という、電球に似た形の電子部品を用いて構成され、すべての回路が電気的に動く計算機でした。しかし、ENIACはスーパーコンピュータではありません。世界で唯一の電子計算機でしたから、他と比べることができません。ですから「非常に高性能な電子計算機」とはいえないのです。

1950年代には電子計算機が市販されるようになりました。日本の気象庁にも1959年に初めて電子計算機が導入されました。世界に電子計算機がたくさん存在するようになったのです。

そして1976年、科学技術に使用することを目的とした電子計算

機が開発され、CRAY-1（クレイ・ワン）という名前で発売されました（図）。このCRAY-1が世界初のスーパーコンピュータだといわれています。それは、この時代には比べることができる他の電子計算機がたくさん存在し、CRAY-1はそれらの一般的な電子計算機に比べて計算がたいへん速く、複雑な計算を高速に処理するための特別な機構が組み込まれていたからです。

これを機に、世界でスーパーコンピュータの開発が活発化しました。1980年代初頭に日本のメーカーも独自のスーパーコンピュータの発売を始め、1993年には当時世界最高性能のスーパーコンピュータの開発を成し遂げました。

▶**図** CRAY-1（アメリカ大気研究センターに保存・展示されているもの）。

■■■ スーパーコンピュータの性能

電子計算機の性能を表現する単位の一つに「FLOPS（フロップス）」があります。これは、FLoating-point Operations Per Secondの

略で、1秒間に小数同士の足し算やかけ算といった計算を何回行なえるかを表す単位です。世界初のスーパーコンピュータCRAY-1の計算性能は、160 MFLOPSだそうです（Mは数の大きさを表す接頭語。表参照）。つまり、1秒間に1億6000万回もの計算が可能なのです。これならばリチャードソンの夢も現実のものになりそうです。

　ところで、みなさんの手元にあるスマートフォンも一種の電子計算機だといいましたが、どの程度の性能があるのでしょうか。じつは、世界初のスーパーコンピュータCRAY-1の10倍も速い1.6 GFLOPS以上の計算性能を持っています。では、スマートフォンはスーパーコンピュータでしょうか。答えは、「いいえ」です。スーパーコンピュータの定義は、一般的な電子計算機よりもたいへん速いことです。いま街のどこでも見かけるスマートフォンはスーパーコンピュータではなく、一般的なコンピュータです。スーパーコンピュータといえる性能は日々更新されつづけているのです。

　2019年6月現在のパソコンの性能は、おおよそ800 GFLOPSあります。これは驚くべき計算性能です。研究者がパソコンで数値シミュレーションができるようになったのも頷けますね。一方、

表　数の桁を表す接頭辞

接頭辞	記号	数の大きさ	べき乗表記
エクサ	E	1,000,000,000,000,000,000	10^{18}
ペタ	P	1,000,000,000,000,000	10^{15}
テラ	T	1,000,000,000,000	10^{12}
ギガ	G	1,000,000,000	10^{9}
メガ	M	1,000,000	10^{6}
キロ	k	1,000	10^{3}

現在の世界最速のスーパーコンピュータの性能は約143 PFLOPS です。500位にランキングされるスーパーコンピュータでも約800 TFLOPSの性能があります。巷に存在するパソコンの1000倍も高速に計算することができます。スーパーコンピュータを決定する絶対性能は年々変化していますが、いつの時代もスーパーコンピュータは一般的な電子計算機のおおよそ1000倍は速いようです。

■ 個人利用をしない

そのような莫大な計算能力を達成するために、スーパーコンピュータには細かなところまでこだわった特別な部品が使用されており、その設計、製造、維持には膨大な費用がかかります。そのため通常、個人でスーパーコンピュータを開発、所持することはできません。たいてい国や自治体の研究機関、大学、企業などの大きな組織が所持しており、多くの人々で共同利用しています。

このような背景から、スーパーコンピュータの利用目的は、多くの人々に広く恩恵のある計算に限られているといっても過言ではありません。一般社団法人HPCIコンソーシアムでは、研究課題を広く公募し、研究成果をしかるべく公表すれば、日本の研究機関や大学が所持しているスーパーコンピュータを無償で利用できる仕組みを用意しています（2019年現在）。速いからといって、スーパーコンピュータを、可愛いキャラクターを積み上げるゲームを個人的に楽しむために使用することはありません。スーパーコンピュータは、その利用目的もスーパーな課題であるべきなのです。

【参考文献】 姫野龍太郎『絵でわかるスーパーコンピュータ』講談社、2012年
「TOP500スーパーコンピュータランキング」https://www.top500.org/lists/2019/06/

4.3──天気予報を支える数値予報

　4.1節で解説したように、20世紀初めに「天気を物理現象として考え、物理学の方程式を数値的に解いて天気を予報する」という発想が生まれました。この考え方を現在では「数値予報」あるいは「数値天気予報」とよびます。20世紀半ばに電子計算機（コンピュータ）が発明され、大量の数値計算を機械的に実行できるようになると、人類は数値予報ができるようになりました。

　20世紀後半になると、コンピュータの急速な高速化、気象観測網の充実、観測データを交換する通信網の発達とともに、数値予報は驚くべき進化を遂げ、現在では天気予報、ひいては広く社会生活全般を支える基盤技術に発展しました。これなくしては安全な生活が成り立たない縁の下の力持ち、という意味で、数値予報は電気・ガス・水道や公共交通、電話・インターネット通信などと同列に、社会インフラの一つともよべるのではないかと筆者は思っています。

■■■ 「数値予報」＝「物理法則の天気への応用」

　繰り返しになりますが、現代の天気予報の土台・出発点となる数値予報の根幹は、「天気は物理現象であり、物理学の法則によって将来を予測できる」という考え方にあります。そこで、少し寄り道になりますが、物理学の性質を簡単におさらいしておきましょう。少し難しい話になりますが、数値予報の仕組みや限界を理解するうえで重要な観点なので、お付き合いください。

　近代的な物理学がいつ発生したのかについては、いろいろな考え方がありますが、アイザック・ニュートンが発見した運動の法

則を近代物理学の始まりと考えることができるでしょう。ニュートンが構築した物理学の画期的な点はたくさんありますが、数値予報との関連で注目したいのは、ずばり、予測能力です。ニュートンの運動の法則のうち、第2法則（運動量保存則）の内容は、

　現在の状態を完全に知ることができれば、

　少し先の未来の状態は、物理法則により自動的に決定される

というものです。数学の言葉では「微分方程式の初期値問題」といいます。

　「少し先の未来」が物理法則で決まってしまうのであれば、これを何度も繰り返すことで、理屈上はいくらでも先の未来を予測できることになります。ここから、(1) いまの状態を正確に知れば、(2) 物理法則を計算することで未来を予測できる、という画期的な考え方が生じました。人間には未来が予測できるのです！　いまから約300年前に起きた、人類の思想史上の重大な出来事です。

　ニュートンは、惑星・彗星などの天体や空に放り投げた物体（たとえば大砲から飛び出す砲弾）のような、比較的簡単な問題に運動の法則の予測能力を適用し、非常に正確な予測に成功しました。数値予報による天気予報は、この予測能力を天気に適用したもので、ニュートンの予測の延長線上にあるといっていいでしょう。

　天気を物理現象として捉え、物理学の応用分野として研究することを最初に本格的に提案したのは、物理学者から気象学者に転身したヴィルヘルム・ビャークネスというノルウェー人で、このアイデアは1904年に出版された論文で発表されました。ビャークネス自身は、数値予報の可能性に言及しつつも、まだ大量の計算を実行できない当時の現実を受け入れました。そして物理学に基

づいて気象現象の概念を模型「モデル」化し、概念模型を基礎とした天気予報を行なうことを提案して、総観気象学とよばれる、近代気象学の礎を築きました。

たとえば第1章や6.4節（246ページ）で説明されている、高気圧・低気圧・前線といった概念は、ビャークネスによって確立されたものです。ビャークネスのアイデアをさらに推し進め、数値予報を手計算で実現しようとしたのが、4.1節で解説した、イギリスのリチャードソンです。

■■■ 物理現象としての天気

さて、みなさんにとって、「天気」とは何でしょうか？ 雨・晴れ・曇りなど、地上から見上げた空の様子、というのが普通の理解だと思うのですが、4.1節で解説したように、数値予報をはじめ現代の気象学では、天気を「大気の流れ」として、物理学により抽象的に記述します。

世界で初めて手計算で数値予報を実行したリチャードソンは、だいたんにも、とりあえず雨や雲のことは無視して計算しました。雨や雲を無視した天気予報など天気予報にならないように思えますが、このことも、数値予報が物理学の応用として発想された経緯を知れば理解できるでしょう。

数値予報に限らず、現代の気象学では、天気＝気象現象＝大気の流れ、と考え、流体力学の方程式により大気の状態を記述します。ただし、流体力学で気象現象のすべてが記述できるわけではありません。数値予報では、流体力学では考えないが天気にとって重要な要素もモデル化し、それらが流体としての大気に与える影響を流体力学の式に取り入れています。慣習的に、流体力学を解く部分を「力学過程」、それ以外の部分を「物理過程」、あるい

はパラメタリゼーション、とよびます。

　1950年代の初期の数値予報では、雨や雲さえ無視していたのですが、「物理過程」として数値予報に取り入れられる現象は数値予報が成熟するにつれてどんどん増え、現在では図に示すように非常に多岐にわたってます。奇妙なことですが、その呼び名とは裏腹に、物理過程は植物の働き（たとえば根が土壌から水を吸い上げ、葉の裏側の気孔から水蒸気を発散させる効果）など、物理学の理解が及ばない現象も含みます。

　流体力学を支配する法則はよくわかっているため、力学過程の開発は、いかに速く精度よく数式（偏微分方程式）を解くかに焦点が当てられています。また、数値予報を実行するスーパーコンピュータは時代とともに仕組みが進化し、得意な計算のパターンが変化していくので、新しいコンピュータに合わせて計算方法を工夫する開発も重要です。

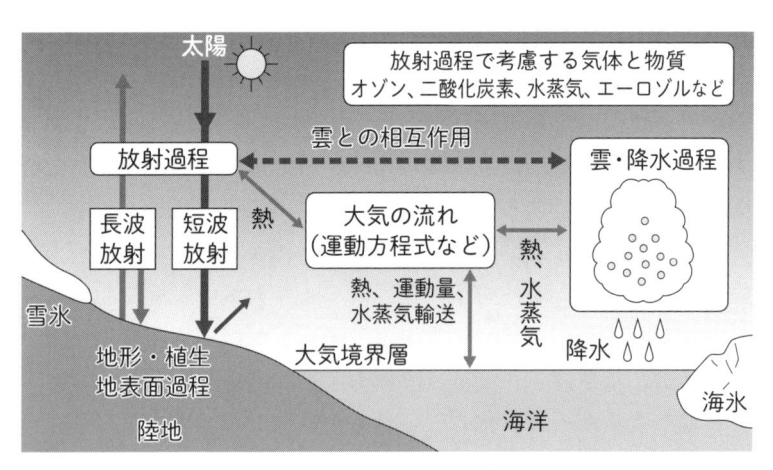

▶図　数値予報で表現される諸現象。気象庁ウェブサイト（https://www.jma.go.jp/jma/kishou/know/whitep/1-3-1.html）を参考に作成。

　一方のパラメタリゼーションは、そもそも支配法則がよくわかっていないものも多いため、どうしても不確実性が高く、経験的に決定される部分も多くなり、試行錯誤も欠かせません。不確実性が高いので、数値予報全体の精度の良し悪しはパラメタリゼーションの性質に大きく依存しています。数値予報の成功のカギは天気を物理現象と考えることにあったわけですが、その精度改善の要が、物理法則で記述するには複雑すぎて経験則に頼る部分も多いパラメタリゼーションの改良にある、というのはちょっと不思議な話ですね。

■■■ 桁違いの計算！

　物理法則（と一部の経験則）に基づき、現在の大気の状態（天気）から未来の大気の状態（＝天気）を予測するコンピュータプログラムを数値予報モデルといいます。数値予報モデルは非常に複雑なプログラムで、そのソースコードの行数は100万行を超え、また実行に必要な計算量もじつに膨大です。

　たとえば、日本の気象庁が実施する地球全体の気象の5日間予報に必要なかけ算・足し算の回数は、じつに数十ペタ回（10,000,000,000,000,000回の数倍）、使用する主記憶（メモリ）の総量は数テラバイトにも及びます。日々の予報業務で利用するためには5日予報を20〜30分程度で完了させなければないので、気象業務には強力なスーパーコンピュータが不可欠です。実際、2018年に気象庁に導入されたスーパーコンピュータは13万個以上のCPUコアを持つ強力なもので、導入時点でTOP500スパコンランキングの25位・26位にランクインしました（万が一、片方に障害が発生しても業務を継続するため、同じ性能のスパコンが2台導入されています）。

　これほどの計算が毎日休みなく実行されることで、我々は毎日

の天気予報を手にすることができているわけです。これまで何十年もの間、毎日休みなくその時代の基準で最高レベルの膨大な計算を行ない天気予報が発表されてきました。とても驚くべきことで、6時間おきに更新される新しい数値予報天気図を眺めるたびに、筆者はこの事実に感動しています。

▰ 数値予報の圧倒的な高精度

　数値予報の実行には、スーパーコンピュータを使用しなければならないほど膨大な計算が必要なことを説明しました。ではなぜ、そんなにコストのかかる数値予報を毎日実行しているのでしょうか？　それは、他のどんな方法より、圧倒的に正確な天気予報ができるからです。

　数値予報が登場し成熟するまでは、気象学に精通した人間の予報官が、低気圧・高気圧などを物理学に基づいて概念化した総観気象学の知識を基本としつつ、経験と勘も活用して主観的に天気予報を作成していました。おおむね1970年代ぐらいまでの話です。予報官による主観予報は、「主観」とはいうものの、気象学に基づく科学的な予報でした。しかし、数値予報によって機械的に客観的に作成される予想は、現在では主観予報よりも圧倒的に精度が高く、担当する予報官によって予想がばらついてしまうこともないため、一貫性に優れています。

　数値予報の精度がどれほど驚異的か、わかりやすい例を一つ挙げましょう。日本など中緯度の国の天気は、温帯低気圧に左右されることが多くあります（第1章）。この温帯低気圧の寿命は数日から1週間程度ですが、現在の数値予報では、温帯低気圧の襲来を1週間程度前から的中させることも珍しくありません。つまり、予報をする時点の天気図にはまだどこにも存在しない低気圧が、ど

こでいつ発生するかを当てることが、数値予報にはできてしまうのです。このような芸当は、どんなに経験豊かな予報官であっても、そうそうできるものではありません。

　現在では主観予報は数値予報によって完全に取ってかわられ、予報官が天気図を見て、いちから予報を組み立てることはなくなりました。しかし、予報官はもはや不要、ということではありません。気象庁の予報官や民間の気象予報士は、数値予報の結果を解釈したり、補正したり、あるいは利用者にわかりやすく予報を解説したりするという重要な任務を果たし、日々活躍しています。詳しくは第5章で解説します。

■■ 科学的方法としての数値予報

　気象学は大気中で起こる現象を対象とする自然科学ですが、「科学的」とはどういう意味でしょうか？　いろいろな考え方がありますが、ガリレオ以来の近代科学の大きな特徴は、「仮説を立て、それを実験により検証する」という作業の繰り返しにより真実に近づくことができる、という考え方にあるといえるでしょう。しかし、気象学にとっては「実験により検証する」という部分が簡単ではありません。実験室でさまざまな条件を制御できる物理学や化学と違い、天気を人工的に改変するのはほとんど不可能だからです。

　数値予報の面白い点は、予報が毎日作成され、その結果が絶えず検証されているところにあります。数値予報をもとに作成される天気予報は、気象学者だけでなく多くの人々の目にさらされ、日々「答え合わせ」がなされています。外れた日には厳しい批判をいただくこともあります。そして、数値予報モデルの開発者は、「大外し」の事例に注目し、数値予報のさらなる改良のヒントを

得ようと、なぜ外れたのかを一生懸命に検証しています。

　これは筆者のかなり個人的な主観なのですが、数値予報は、気象学に科学としての裏付けを与える働きをしているのではないか、と思うことがあります。数値予報モデルは我々が大気について知るあらゆる知識（仮説）を総動員して作成されていて、その結果が毎日、実際に起きた現象と照合（検証）されている、そう考えると、毎日の数値予報は、科学的方法の根幹である仮説検証そのものだと解釈できると思うのです。

■■■ 「理解する」ということ

　かなり主観的になりますが、最後に、筆者が常々不思議だと思うことを述べたいと思います。ここまで述べてきたように、「天気」を予測する数値予報モデルの中身はほとんどが物理学の数式です。数値予報モデルを支えるロジックは物理学から導き出されるもので、温帯低気圧や台風といった具体的な気象現象を直接記述する仕組みは、数値予報モデルには入っていません。にもかかわらず、物理法則に従って計算すると、本物そっくりな「天気」がひとりでに再現されてしまいます。本物と見間違うような「天気」が、自動的に再現できてしまうのです。ほぼ完全に再現できる、ということは、我々人間は、天気のメカニズムをほぼ完全に理解した、ということなのでしょうか？

　そうではないようです。計算すると再現されるのに、その仕組みがわからない現象が、じつはたくさんあります。筆者は数値予報をつくる仕事を長年してきているのですが、数値予報がなぜできるのか、いまでも不思議でなりません。「理解する」とは何か？という哲学的な問いにもつながる、深い問いなのかもしれません。

4.4——未来の気象とコンピュータ

■■■ 予測精度の向上とスーパーコンピュータ

　未来の天気予報は、きっといまよりももっと信頼性が高く、詳細な予報が実現されているでしょう。とある映画のなかで、ある場所において、雨が止むまでの時間を秒単位で予測しているシーンがありますが、もしかするとこれも現実になる日がやってくるかもしれません。気象・気候研究者にとって、その距離に違いはあっても、予測精度を向上させることは永遠の課題だと思います。

　数値シミュレーションに基づいた気象・気候予測の精度を向上させるためにできることの一つは、数値模型の「細部」を改善することです。図にイメージを示しました。より細かな海岸線の形や山の形、より緻密な風や気温の分布、より小さな雲、より局所的な雨……、これらを表現できるように、詳細な数値模型をつくることです。

　「詳細な」という言葉には2つの意味が含まれています。一つは図に示した点「格子」の数を増やすことです。もう一つは、模型に含まれる物理法則を増やすこと、もしくはより正確な数式に置き換えることです。たとえば、昔の数値模型には氷の状態の水は含まれていませんでしたが、現在の数値模型には、より正確な雲の様子を表現するために、氷の状態の水も含まれています。

　さらに、詳細な数値模型は、より詳細な観測結果をより多く取り込むことができるため、この点においても予測結果を向上できる可能性があります。近年はデータ同化とよばれる、観測結果の取り込み方に関する研究も盛んに行なわれています。

　問題は計算量が増えることです。図を例にすると、「解像度（一

方向の点の数）」を3倍にすると、全体では9倍の点が必要です。つまり、同じ速度で計算すると、点が少ない「低解像度」よりも点が多い「高解像度」では、9倍計算に時間がかかることになります。たとえば、低解像度で6時間先の予報の計算に1時間かかったなら、高解像度では9時間かかります。6時間先の天気予報に9時間も待っていたのでは予報になりません。これまで通りの猶予時間を維持するためには、9倍速い計算機が必要になるのです。これが、天気予報により高速な計算機を必要としている理由の一つです。

　この要求に応えるために、スーパーコンピュータ自体も研究開発が進められています。そして継続的な予報精度向上のために、日本の気象庁では数年おきにスーパーコンピュータを更新しつづけています。

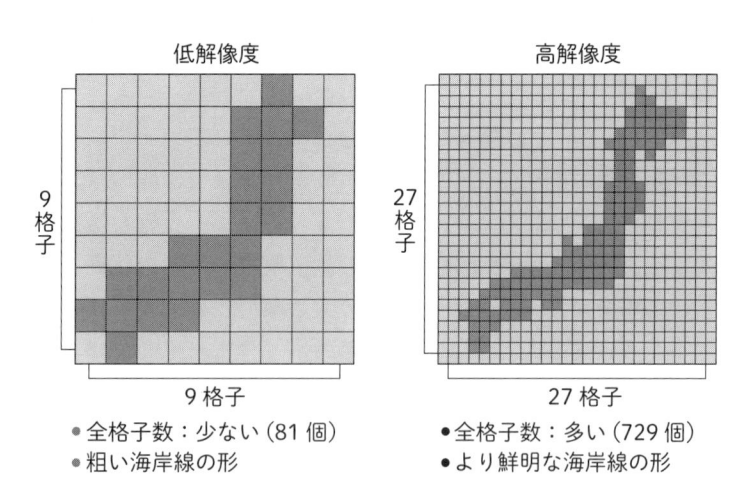

低解像度

9 格子（縦）
9 格子（横）

- 全格子数：少ない（81 個）
- 粗い海岸線の形

高解像度

27 格子（縦）
27 格子（横）

- 全格子数：多い（729 個）
- より鮮明な海岸線の形

▶**図**　2つの解像度による日本の海岸線の表現。点の数が少ない左のほうが海岸線の形が粗く、点の数が多い右のほうがより詳細に海岸線の形を表現している。しかし、点の数が増えた分、計算する量も増える。

■ 天気予報の伝え方

　そのほかに考えられる未来の天気予報の姿は、伝え方の違いが挙げられます。広く、多くの人々に天気予報を伝える手段として、昔はラジオやテレビしかありませんでした。ラジオやテレビは情報提供者が一方的に情報を送りますから、それを受けとる個人の要求には応えられません。ですから、比較的漠然とした、誰にでも有用な情報しか発信できないという問題がありました。

　現在はインターネットを利用した対話型の情報発信が可能になり、この問題はかなり解決されたようです。利用者は必要に応じて、情報の取捨選択が可能になり、自分にとって有用な詳細情報を得られるようになっています。たとえば大雨のとき、従来のように都道府県の北部か南部といった大ざっぱな区分ではなく、自分が住んでいる区や町単位で情報を得ることができます。また、希望に合わせて現在の雨量だけでなく、過去の雨量や積算雨量なども調べられます。

　しかし、いまのところ、自分で探さなければ、これらの情報にはたどり着けません。自分が欲しい情報を得るためには、ある程度の予備知識と経験が必要になります。未来の天気予報では、知識や経験の不足をコンピュータが補ってくれるかもしれません。いま話題になっている「人工知能」とよばれる技術です。

　人工知能は街のあらゆる交通網や施設を知っているでしょう。もちろん最新の詳細な天気予報結果を逐次アップデートしています。そして、あなたのこれまでの行動パターンを蓄積し、解析して事前に理解しています。ですから、学校や会社から帰宅しようとするとき、もう少しで雨が降ることを知らせてくれ、駅に向かうより先に、近くの本屋でいつも水曜日に購入する週刊誌を買いに行くことを勧めてくれるかもしれません。なぜなら、本屋を出

る頃には雨が上がっているだろうことを知っているからです。忘れないでほしいのは、人工知能も電子計算機の性能向上によって実現した技術ということです。

ニュースキーワード 27

CPU、メモリ、最速の意味

　みなさんがパソコンやスマートフォンを購入する際、「速い」という売り文句を耳にするでしょう。また「CPU（シーピーユー；中央演算装置）」や「メモリ」といった単語も出てくるかもしれません。CPUやメモリは、電子計算機の性能に直接関わる重要な部品です。これらの部品は、電子計算機の中でどのような役割を持っているのでしょうか。

　小学校の宿題の計算ドリルを思い浮かべてみましょう（図4.5）。いろいろな足し算やかけ算がリストになっており、計算結果を書き込む枠が用意されています。しかし、他に空欄や余白はありません。問題が暗算できないくらい大きい桁の計算ならば、みなさんはどうするでしょうか。まず、メモ用紙などの計算用紙を用意して、計算内容を書き写します。そして、筆算などを利用して計算し、最後に結果を計算ドリルに書き戻すという方法がありますね。

　じつは電子計算機も同じことを行なっています。まず、計算内容のリストから、次に実行する計算を一度メモリに書き写し、次にCPUを利用して計算し、最後に結果を戻してディスプレイなどに表示します。したがって、CPUが速いとは計算の処理が速い、つまり足し算やかけ算をするのが速いことを意味します。また、メモリが速いとは読み書きが速い、つまり問題を書き写す動作が速いことを意味します。計算用紙に書き写す動作が速くても、計算自体の速度が遅くては、総合的に速いとはいえません。逆に、計算自体の速度が速くても、書き写す動作が遅くては、待つ時間を浪費するだけで、総合的に速いとはいえません。

脳（CPU）

計算用紙
（メモリ）

計算ドリル
（プログラム）

▶**図** CPU、メモリ、プログラムの関係。

　CPU とメモリのバランスが大切です。最速性能を出すために
は、まるで陸上選手のように、すべての部品が止まらず働きつづ
けるように部品の組み合わせを考え、調整する必要があるのです。

ニュースキーワード 28
TOP500スパコンランキング

　今日では、気象・気候の分野に限らず、さまざまな学術分野、産業分野において、研究開発にスーパーコンピュータは欠かせない存在になっています。ここではスーパーコンピュータを略してスパコンとよびましょう。より高性能なスパコンは，より複雑な、より大量の計算をこなせます。高性能なスパコンを持っている組織や企業、国は有利に研究開発を進めることができるでしょう。ですから、ある国の科学技術の発展がどのくらい進みそうか、その国が持っているスパコンの性能を見ることで推し量ることができます。

　性能を知るための一つの指標として「TOP500」というスパコンランキングがあります。1993年にはじまったもので、全世界のスパコンを性能順に上位500位までリストアップしています。ランキングは、毎年2回、6月と11月に更新されています。この更新頻度からも、スパコン開発の早さを感じてもらえると思います。

　2019年6月現在のランキングにおけるトップ10を表にまとめました。理論性能とは、CPUもメモリも働きつづけているという理想的な条件のときに発揮される性能です。実効性能とは、ある計算プログラムを実行して測定された有効性能です。実効性能は実行するプログラムによって変わります。効率は理論性能に対する実効性能の割合を表しています。

　まず、アメリカがもっとも多くのスパコンをランクインさせていることがわかります。次に中国が多く、なおかつ3位、4位と上位にランクインしています。中国のこれら2台は、過去に1位を獲

得したことのある強力なスパコンです。その他にスイス、ドイツがランクインしており、日本のスパコンも1台がランキングに入っています。

　1位のスパコンは10位のスパコンの8倍以上の実効性能を持っており、トップ10のなかだけでも大きな性能差があることがわかります。一般にはCPUの数が少なく、効率が高いスパコンのほうが簡単に使える傾向にあるので、CPUの数や効率を比べても面白いと思います。

表　TOP500スーパーコンピュータランキング（2019年6月現在）。CPUの数は「演算コア」の数を表記している。

ランキング	国名	スーパーコンピュータ名	CPUの数 （万個）	実効性能 (PFLOPS)	理論性能 (PFLOPS)	効率 (%)
1	アメリカ	Summit	240	143.5	200.8	71.5
2	アメリカ	Sierra	157	94.6	125.7	75.3
3	中国	Sunway TaihuLight	1,065	93.0	125.4	74.2
4	中国	Tianhe-2A	498	61.4	100.7	61.0
5	アメリカ	Frontera	45	23.5	38.7	60.7
6	スイス	Piz Daint	39	21.2	27.2	78.2
7	アメリカ	Trinity	98	20.2	41.5	48.6
8	日本	AI Bridging Cloud Infrastructure	39	19.9	32.6	61.0
9	ドイツ	SuperMUC	31	19.5	26.9	72.5
10	アメリカ	Lassen	29	18.2	23.0	79.1

【**参考文献**】 「TOP500スーパーコンピュータランキング」https://www.top500.org/lists/2019/06/

ニュースキーワード 29
日本のスーパーコンピュータ

　1980年代に世界でスーパーコンピュータが製造されるようになり、日本でも独自にスーパーコンピュータ開発が開始されました。これまでに1993年に「数値風洞」、1996年6月に「SR2201」、1996年11月に「CP-PACS」、2002年6月から2004年6月まで「地球シミュレータ」、そして2011年に「スーパーコンピュータ京（図）」がTOP500ランキング（ニュースキーワード28）で性能世界1位を獲得しました。これらのスーパーコンピュータは、日本で設計、開発、製造された国産スーパーコンピュータです。

　スーパーコンピュータは非常に多くの部品で構成されており、一台のシステムをつくり上げ、運用・維持するためには、多方面にわたる技術が必要です。ですから、スーパーコンピュータは国力を示す一つの指標ともいえます。この成果を見れば、世界にスーパーコンピュータが生まれてからこれまで、日本はスーパーコンピュータ開発において世界で戦える力を維持してきたといえるでしょう。

　しかし、みなさんの身近にあるパソコンやスマートフォンに目を移すと、外国メーカーの製品も多いのではないでしょうか。そしてパソコンやスマートフォンの販売で強い国はTOP500ランキングでも上位に入り、そのシェアも大きいといえます。

　日本のスーパーコンピュータ開発はいま岐路に立っているのかもしれません。継続的にトップレベルにいるためには、他者に頼らず独自に自由に開発できること、そしてその知識や技術を後世に受け継ぎ磨きつづけることが肝要です。しかし、現在の日本で

はスーパーコンピュータを構成する部品の一部を国内製造することが難しくなりつつあります。これまで蓄積してきた重要な知識や技術を最大限受け継ぎ、育てていくために「ポスト京プロジェクト」として、次世代スーパーコンピュータ開発が始まっています。

▶図　スーパーコンピュータ「京」。1秒間に1京回の計算が可能。2011年6月と2011年11月のランキングで1位を獲得した。

【参考文献】「歴代最速スパコン」https://www.top500.org/resources/top-systems/

超高解像度数値シミュレーション

　電子計算機のなかに作成される数値模型は、さまざまな数式の集合体からなっています。その数式を電子計算機上で使うために部分的に式の変更を施しますが、その過程で地球を網目状に切って（166ページの図のようなイメージ）、その一つ一つの格子に気温や風の情報を与えます。

　たとえば、おもちゃの四角いブロックで地球をつくることを想像してみてください。100個のブロックでつくるよりも、500個のブロックでつくったほうがより細かく、滑らかな地球をつくることができますよね。では、さらに増やして1万個のブロックを使ったなら、どれだけ綺麗な本物そっくりの地球をつくれるでしょうか。

　同じことが数値模型にもいえるのです。仮想地球を覆う網目を細かくすることで、より緻密な模型をつくることができます。数値模型を高解像度化したとき、どのように計算結果が変わるのか、スーパーコンピュータの絶大な性能を活かして調べられました。

　2007年、地球シミュレータというスーパーコンピュータを使って、当時世界初の解像度であった3km間隔の格子で全地球を覆った、高解像度現実大気シミュレーションが実施されました（Miura *et al.* 2007）。高解像度化によって従来よりも現実に近い方法で雲を表現できるようになった結果、マッデン・ジュリアン振動という現象を世界で初めて再現することに成功しました。

　その5年後の2013年、全球格子間隔0.9kmの超高解像度数値シミュレーションがスーパーコンピュータ「京」を用いて実施されました（図、Miyamoto *et al.* 2013）。0.9 kmという、徒歩や自転車

で移動するくらいの身近な大きさの格子で、地球全体を覆う数値模型を作成できる時代になったのです。この研究によって、格子の大きさが2kmよりも小さくなると、積乱雲をはじめとする、雨を降らせる雲の表現性が大幅に向上することが確かめられました。

このように多くの研究者の活動によって、数値模型の高解像度化による予測性能の向上性が調べられており、この分野における最先端の技術と知識、経験を積み重ねています。

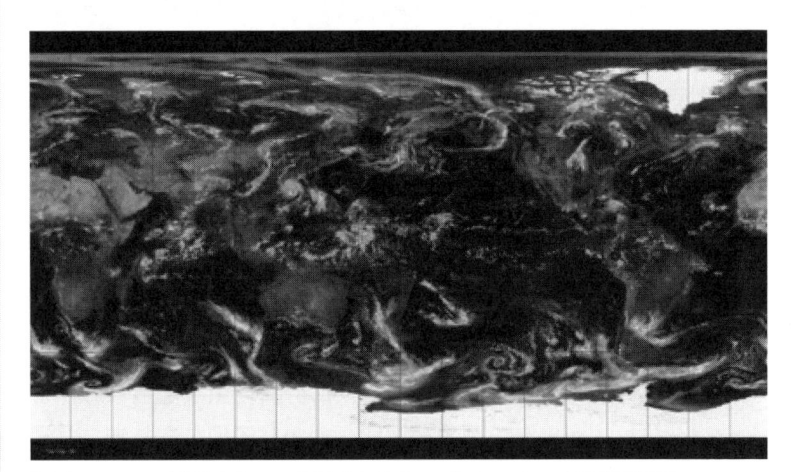

▶**図** NICAM（非静力学正20面体格子大気モデル）による全球格子間隔0.9kmの現実大気シミュレーション結果。2012年8月25日世界標準時17時の様子。日本付近に台風が再現されている。

【参 考 文 献】　Miyamoto, Y. and Y. Kajikawa, R. Yoshida, T. Yamaura, H. Yashiro and H. Tomita, Deep moist atmospheric convection in a sub-kilometer global simulation, Geophysical Research Letters, vol. 40, 2013, pp. 4922–4926, doi:10.1002/grl.50944.

Miura, H., M. Satoh, T. Nasuno, A. T. Noda, and K. Oouchi, A Madden-Julian Oscillation event realistically simulated by a global cloud-resolving model, Science, vol. 318, 2007, pp. 1763–1765.

ビッグデータ解析と人工知能

　近年、数値シミュレーション以外に、スーパーコンピュータの新しい利用方法が現れました。それはデータ解析にスーパーコンピュータを利用することです。これまで気象・気候の分野では、データ解析は比較的、計算量の少ない作業だったので、手元のパソコンや少し大きな電子計算機で実行するのが普通でした。しかし、従来の何万倍ものデータ量、いわゆるビッグデータを処理対象とし、なおかつ機械学習とよばれる計算量の多い解析を行なうためにスーパーコンピュータが利用されるようになってきました。

　これまでは物理学に基づいて物事の関係性を人が考え、それを抽出するのに適切な解析手法を人が決めて計算機で実行することで、仮定した物理学の数式が正しいことを証明してきました。一方、次世代の手法は、スーパーコンピュータの記憶容量を活かしてビッグデータを一度に処理し、データのなかに潜んでいる複雑な関係性をスーパーコンピュータの計算能力を活かして見つけ出させるという新しい解析なのです。まるで、電子計算機が答えを導き出しているように思えることから、人工知能（Artificial Intelligence; AI）ともよばれます。人には処理しきれない大量のデータを扱うことができる点や、人には見いだすことができないほどの複雑な関係性を見つけられる可能性を秘めていることから、社会のさまざまな分野で適用されるようになりました。

　近年、気象・気候分野における数値シミュレーションでも、利用例が報告されてきています（ニュースキーワード36、219ページ）。数値模型における流体力学に関する部分を機械学習させて流れを

予測する方法（Scher 2018）や、観測や数値シミュレーション結果を学習させて雲を表現するパーツを作成させる方法（O'Gorman *et al.* 2018、Raspa *et al.* 2018）が報告されています。まだまだ実験段階ではありますが、この新しい手法によって、これまで気づかなかった発見や改良ができることを期待しています。

▶**図** 近い将来、ピンポイントで高精度な天気予報とさまざまな情報を組み合わせることで、AIがユーザーに最適な行動を素早く提案してくれるかもしれません。

【参考文献】 O'Gorman, P. A. and Dwyer, J. G., Using machine learning to parameterize moist convection: Potential for modeling of climate, climate change, and extreme events, Journal of Advances in Modeling Earth Systems, vol. 10, 2018, pp. 2548–2563. doi: 10.1029/2018MS001351.

Raspa S., M. S. Pritchard, and P. Gentine, Deep learning to represent subgrid processes in climate models, Proceedings of the National Academy of Sciences, vol. 115, 2018, pp. 9684–9689, doi: 10.1073/pnas.1810286115.

Scher, S., Toward data-driven weather and climate forecasting: Approximating a simple general circulation model with deep learning, Geophysical Research Letters, vol. 45, 2018, pp. 616–622, doi: 10.1029/2018GL080704.

column

台風発生予測の必要性

吉田 龍二

　平成25年台風30号（HAIYAN）は、2013年11月4日にトラック諸島近海で発生しました。最盛期には最大瞬間風速90 m/sに達した猛烈な台風で、同月8日から9日にかけてフィリピン中部に上陸、横断し、暴風や高潮によって甚大な被害を及ぼしました。その強さは、導入して間もないフィリピン気象庁の気象レーダーのアンテナ部分などを吹き飛ばしてしまったほどです。

　台風は西太平洋熱帯域（フィリピンの東沖付近）で発生します。フィリピンなどの台風発生域に隣接した国々における、台風災害に対する防災・減災の難しさは「リードタイム」の短さに一端があります。

　リードタイムとは、予測が立ってから実際に起きるまでの時間の余裕のことです。日本のように台風発生域から離れていれば、発生してから進路や強度を予測しても十分なリードタイムがあり、さまざまな対策を講じることができます。しかし、台風発生域に隣接した地域ではリードタイムが短く、発生してから数日で、短ければ次の日には台風がやってきます。

　こうした地域において、台風による災害を減らすためには、台風発生予測が欠かせません。台風発生そのものを予測し、それに基づいてあらかじめ進路や強度の予測を行なえば、リードタイムを伸ばすことができます。ところが、台風の発生予測は進路予測や強度予測に比べて精度が低いのが現状です。台風発生は多種多様な大気現象の影響を受けていながらも数日で完了する過程ですから、それぞれの大気現象の関係性を正確に捉え、ピンポイントで発生位置と時期を特定しなければならないからです。

　私は平成25年台風30号のニュースを聞いたとき、台風発生予測

の必要性をあらためて感じ、台風発生に関する基礎研究を進めることが、予測精度向上に役立つと信じて研究を進めてきました。

　台風発生予測の必要性は、熱帯地域に限られたことではないかもしれません。2016年の台風13号や2018年の台風18号のように、沖縄のすぐ近くで発生する台風もあります。日本のすぐ近くで発生すればリードタイムが短く、これまでよりも対策が難しくなるでしょう。今後は、台風発生予測にも力を入れていく必要があるかもしれません。

第 **5** 章

天気予報の舞台裏！

5.1──気象観測から数値予報まで

　私たちが毎日ニュースで耳にする天気予報は、どのようにつくられているのでしょうか？　本章の主題は、天気予報ができるまでの過程を解説することです。まずこの節で全体像を示し、個々の構成要素を次節以降で詳しく説明します。図に全体の大まかな流れを示します。この図を見ながら、以下の解説を読みほぐしてみてください。

■■■ 出発点は観測

　4.3節で述べた通り、現在の天気予報は、数値予報を基礎に作成されます。数値予報は、大気の流れを物理学の法則により予測する手法です。そして物理学の法則は、「現在の大気の状態が決まっていれば、少し先の未来の大気の状態は自動的に決まる」というかたちで記述されます。つまり、未来の天気を予測するには、まず現在の大気の状態をできるだけ正確に知る必要があります。このため天気

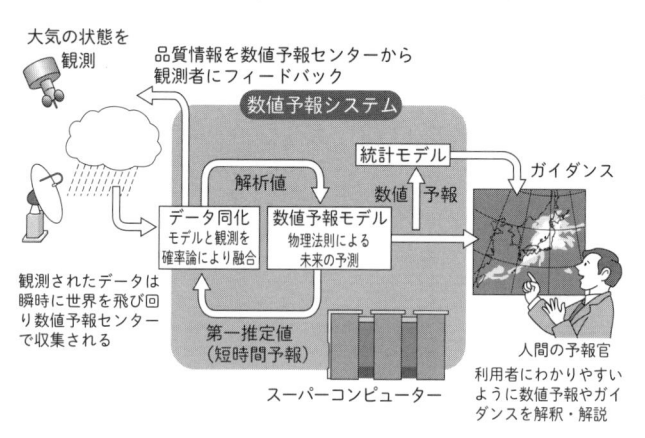

▶図　観測から数値予報ができあがり、予報官に届くまでの模式図。

郵 便 は が き

1 6 2 - 8 7 9 0

東京都新宿区
岩戸町12レベッカビル
ベレ出版

　　読者カード係　行

‖‖‖‖‖‖‖‖‖‖‖‖‖‖‖‖‖‖‖‖‖‖‖‖‖‖‖‖‖‖‖‖‖‖‖

お名前		年齢
ご住所　〒		
電話番号	性別	ご職業
メールアドレス		

個人情報は小社の読者サービス向上のために活用させていただきます。

ご購読ありがとうございました。ご意見、ご感想をお聞かせください。

● ご購入された書籍

● ご意見、ご感想

● 図書目録の送付を　　　　　　　　希望する　　　　希望しない

ご協力ありがとうございました。
小社の新刊などの情報が届くメールマガジンをご希望される方は、
小社ホームページ（https://www.beret.co.jp/）からご登録くださいませ。

予報の最初のステップは、現在の大気の状態を観測することです。

気象庁ではじつにさまざまな観測機器を用いて日夜、日本の大気の状態を観測しつづけています。しかし大気は世界中をかなりのスピードで周回しているうえに、大気の流れ自体よりも速く伝わる波動（ロスビー波など。ロスビー波は、地形や海・陸の温度差によって生じる大気の波）が存在します。たとえば、中緯度の大気では、上流（西側）で温帯低気圧が強く発達すると、その影響がロスビー波のエネルギー伝播によって、風の倍ほどの速さで下流（東側）に伝わり、新たに低気圧を発生させる（下流発達）ことがあります。こうした大気中を高速に飛び回る現象が、日々の天気を大きく左右しているため、日本の天気を予報するには、世界中の大気の状態を観測しなければなりません。

気象観測は世界中の気象機関で手分けして、共通のルールのもとに実行されており、観測されたデータは気象機関が相互に接続されたネットワークを介して、世界中でお互いにリアルタイムに交換されています。

また、テレビなどでもよく目にする「ひまわり」のように、大気の状態を宇宙から監視する人工衛星がたくさん運用されていて、数値予報や実況監視に欠かせない、貴重な情報をもたらしています。

▰ データ同化と解析予報サイクル

世界中で観測された気象データはリアルタイムに全世界で交換され、気象庁などの数値予報センターで収集されます。膨大な数の観測データが集められますが、地球上の大気すべてをくまなく覆えるほど密に観測することはできません。数値予報を行なうためには大気全体の状態を推定する必要があるので、観測しなかった場所の状態も、なんとかして推定しなければなりません。

ある時刻の大気の状態を知るには、その時刻に観測したデータしか使えないように思えるかもしれませんが、じつはそれ以前に観測したデータも活用することができます。たとえば、空気は西から東に流れるので、昨日の中国上空の観測から、今日の日本上空の空気についてわかることがたくさんあるのです。

　まばらで不規則に配置された観測データから、過去の観測も活用しつつ大気全体の状態を推定するにはどうしたらよいでしょうか？　ここで面白いアイデアを用います。ある時刻の大気の状態を求めたいとして、もし少し前の時刻に数値予報モデルを使って計算していたとすると、その予報結果は観測ほど正確ではないかもしれませんが、大気全体の状態に対する予測（＝「推定」）を与えてくれます。そこで、少し前の時刻の数値予報から作成した予測値（＝「第一推定値」）と観測値を比較し、より観測に合うように第一推定値を修正することで、現在の大気の状態の推定値を作成することができます。

　短時間予測で作成された第一推定値を観測で修正する操作を「解析」あるいは「データ同化」とよび、解析により作成される、第一推定値を観測でアップデートした推定値を「解析値」といいます。

　そして、解析値を初期値として数値予報モデルで計算した予測値を、次の時刻の「解析」の第一推定値とする、といった具合に、解析と予報を交互に繰り返すことで、観測データと物理法則（に基づく数値予報モデル）を融合させた大気の状態の推定値を連続して作成することができます。このように解析と予報を交互に繰り返すことを「解析予報サイクル」とよんでいます。

　第一推定値がどのようにつくられたかを時間をさかのぼって追いかけていくと、昔の観測がデータ同化（解析）によりモデルに取り込まれていることがわかると思います。よって、解析予報サ

イクルを行なうことで、直近の観測データだけでなく、それ以前に得られた観測データの持つ情報も活かした、大気の状態推定が可能になるわけです。

　さて「解析」という言葉は本来、広く物事を論理的に分析することを指す一般的な言葉ですが、気象学ではよく、上のような限定した意味で「解析」という言葉を使います。これは、コンピュータの登場以前、観測データから得た情報を総合して現在の天気図を作成する作業が「天気図解析」あるいは短く「解析」とよばれていたことに由来します。データ同化とほぼ同義で「解析」という言葉が使われるのはその名残です。データ同化の登場以前の天気図解析は予報官の総合判断に依存するため、どうしても個人の主観が入っていました。これと対比し、機械的な手順で出力が自動的に定まる客観性を特に強調して、データ同化を「客観解析」とよぶことがあります。

■ 数値予報モデルの実行と統計的後処理（ガイダンス）

　データ同化によって得られた現在の大気の推定値を初期値として、いよいよ数値予報モデルによる予測を行ないます。数値予報モデルについては4.3節（157ページ）で詳しく説明しました。

　4.3節で解説した通り、数値予報では大気の運動の流体力学としての側面を予測の対象とするため、天気予報の利用者にとっては重要だが数値予報の直接の対象とならない現象があります。たとえば発雷の有無や、飛行機が乱気流に遭うかなどは、数値予報モデルの直接の予測対象にはなっていません。

　また、4.4節（165ページ）で述べた通り、数値予報モデルでは、現実には連続的な大気を格子を用いて離散的に表現するため、この格子の大きさより小さなスケールで起きる現象は表現（解像）できません。

　そこで、数値予報モデルで直接表現されない、または解像され

ない現象の予測を行なうために、「ガイダンス」という統計予測手法が用いられます。まず、数値予報モデルの出力と、予測対象の現象の観測データの関係を、過去のデータを用いてあらかじめ統計的に学習しておきます。学習の結果得られた統計モデルに数値予報モデルの結果を入力することで、数値予報で表現されない現象を予測することができる、という仕組みです。

　ここで統計的な関係の学習に用いられる手法は「機械学習」とよばれ、現在流行している人工知能（AI）でも活用されています（5.4節、199ページ）。天気予報では、数値予報の後処理という、いわば脇役的な立場で、古くからAIが活用されてきました。

予報官による解釈・補正・解説

　数値予報やガイダンスは物理学・気象学や統計学などのさまざまな技術を駆使してつくられるため、その結果を解釈することは、じつは簡単ではありません。また、数値予報モデルの精度は年々向上してきていますが、たとえば「南岸低気圧の東進が現実より遅くなりやすい」など、間違え方に特徴的なクセ「系統誤差」が出ることがあります。さらに、数値予報で作成される資料は膨大で、しかも数時間おきにどんどん更新されていくので、何が予報されているのか、把握すること自体がじつは難しい作業です。

　そこで、数値予報やガイダンスの特性、また天気予報の使われ方を熟知した予報官が、これから起こると予想される気象現象を数値だけでなく、利用者にわかりやすい簡潔な日本語で解説します。さらに、民間の気象予報士や気象解説者が、数値予報の結果やそれに対する予報官のコメントを参考に、一般の利用者の生活に活用しやすい情報に翻訳・加工し、天気予報がテレビ・ラジオやインターネットなどを通じて広く国民に発信されます。

5.2──世界中を瞬時に飛び回る観測データ

■ 多様な測器からなる観測網

日本では、気象庁をはじめ、さまざまな機関がさまざまな観測機器（測器）を用いて、天気の変化をリアルタイムに観測しています（図）。非常に多くの種類の観測がありますが、直接観測（現場観測）と遠隔観測（リモートセンシング観測）に大きく分類することができます。

直接観測とは文字通り、観測対象の空気に直接触れて、気温・気圧・湿度・風などの気象要素を計測するもので、アメダスや気象官署での地上気象観測、ラジオゾンデ（ニュースキーワード32、206ページ）による高層気象観測、民間の航空機や船舶から通報される気象観測などが該当します。

直接観測では、気温・気圧・湿度・風など、数値予報モデルが予測の対象とする物理量を直接測ることができますが、測りたい場所まで測器を持っていかなければならないため、世界中をくまなく密に観測することはできません。

一方、遠隔観測は電磁波と大気の相互作用を利用し、電磁波を観測することで大気の状態に関する情報を得るもので、気象衛星や気象レーダーによる観測が該当します。測器から遠くの大気を観測できるので、時間や空間的に密な観測が得られますが、気温・気圧・湿度・風などの物理量を直接測るものではないため、次の節で述べるデータ同化で利用するには特別な工夫が必要になります。

■■ 観測データのリアルタイム交換を可能とする国際通信網

　気象観測は、日本だけでなく世界中で実施されています。前節で触れた通り、大気は高速で地球をめぐっていて、また伝播速度の速い波動が存在しているため、たとえばヨーロッパで大気の状態に変化があれば、その影響は数日のうちに日本にも到達します。つまり、数日以上の天気予報を行なうには、地球全体の大気の状態を知るために、地球全体の観測データが必要になります。

　このため、世界気象機関（WMO）という、国連の専門機関が主導し、世界各国の気象機関の間で観測データをリアルタイムに交換し合う仕組み（全球通信システム Global Telecommunications System、略してGTS）が構築されていて、世界中で毎日、観測された気象データが、瞬時に世界中で交換されています。

　インターネットで誰でも気軽に世界中でデータを交換できる現

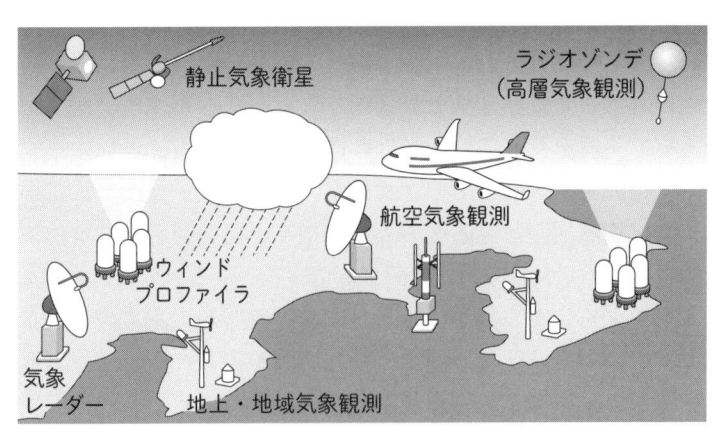

▶**図**　気象観測のイメージ。気象庁をはじめ世界中の気象機関が、さまざまな測器を用いて24時間、大気の状態を休みなく観測している。気象庁ウェブサイト（http://www.jma.go.jp/jma/kishou/know/kansoku/weather_obs.html）を参考に作成。

在、このような仕組みが構築されていることを知ってもあまり驚かないかもしれません。しかし、GTSが初めて整備された1960年代の状況を考えれば、これはじつに驚くべきことです。この時代、海底ケーブルの通信網は全世界を網羅できるほど整備されてはいなかったので、東アジアや南アメリカ・北アメリカといった大きな地域ごとに通信中枢を設け、中枢から先は無線電信をリレーするような運用が行なわれていたようです。

　また、この時代は東西冷戦の真っ只中で、世界が政治的に緊張した状態にありました。このような社会情勢のなか、世界中で気象観測データを交換する仕組みが構築されたのは、技術的にも政治的にも驚くべきことです。

▬ 品質管理の国際協力体制

　観測データには、誤差や異常値の混入がよく起こります。日々変化するランダムな誤差は、その振幅（振れ幅）があまりに大きくない限り問題ありませんが、系統的な誤差（規則性のある誤差）は厄介です。たとえば、気圧の観測で常に本来の値より1ヘクトパスカルだけ低い、といったものは、観測を行なっている担当者が自力で気づくのが難しい場合もあります。

　そんなときに有効なのが、次節で述べる、数値予報センターがデータ同化の前に行なう品質管理です。数値予報センターでは、一つ一つの観測について、少し前に計算した数値予報の出力（第一推定値）や周辺の類似の観測との比較を行ない、その品質をモニターしているため、観測を行なっている張本人よりも早く観測の異常に気づくことができる場合がよくあります。

　WMOでは、全球を対象とした数値予報を実施する能力のある気象機関を、観測データの品質監視センターとして指名し、異常

が疑われる観測地点のリストを定期的に作成し、観測を行なう機関にフィードバックする枠組みを構築しています。日本の気象庁もWMOから品質監視センターとして指名を受け、シベリアを含むアジアの大部分の領域を対象に、地点ごとの品質監視を実施しています。

　大量の観測データを地点ごとに一つ一つ監視する作業は大変な手間なのですが、この地道な取り組みにより観測の異常に迅速に対処することができ、観測の品質向上を通じて天気予報の精度向上に大いに貢献しています。

5.3──人類が解く最大規模の逆問題、データ同化とは？

■■■ 観測と数値予報をつなぐデータ同化

　数値予報モデルが解く物理法則は「いまの大気の状態がわかれば、将来の大気の状態がわかる」というかたちをしています（4.3節、157ページ）。そして、「いまの大気の状態」を知るために、日夜、気象観測が行なわれ、観測の結果は瞬時に世界中で交換されているのでした。いまの大気の状態を観測したら、いよいよ数値予報が開始できそうですが、その前に重要なステップがあります。それが「データ同化」です。

　数値予報モデルを実行するには、大気全体のいまの状態の推定値＝初期値が必要です。しかし、地球全体の大気の状態を完全に観測することはできません。また、たとえば気象衛星から得られる観測は、大気から出てくる電磁波の強さに関するもので、数値予報モデルが必要とする大気の状態（気温の分布など）そのものを直接知ることはできません。

　観測から得られる断片的・間接的な情報から、大気全体の状態をなんとかして推定しなければなりません。そこで登場するのが、解析予報サイクル（5.1節、182ページ）により直近につくった短時間の予報をたたき台（第一推定値）として、新しく手に入った観測によりそれを修正し解析値をつくる、という考え方です。

　たたき台である短時間の予報は、それがどの程度正しいかはともかく、大気全体について推定値を与えてくれます。直近の予報をベースとして、近くで観測値が得られた場所では、それを観測値に近づけるように修正し、観測値が近くにまったくない場所で

は修正せずそのまま直近の予報を採用します。そうすることで大気全体の推定値＝解析値を得ることができます。

■ 解析予報サイクルとベイズの考え方

　ここで唐突ですが、「ベイズの考え方」あるいは「ベイズ主義」について説明します。ベイズの考え方とは、人間が世界について知ることのできる知識には常に不確かさが伴うことを認め、理論や法則を不確かな仮説として扱い、新しい経験（観測事実）を得るたびに、その仮説に対する自信の度合い（その仮説が正しいと考えられる確率）を更新していく、という立場です。

　ベイズの立場に立つと、さまざまな事柄に対して、その確からしさを確率によって数学的に表現でき、数学を使って厳密な議論ができるようになります。なんだか哲学的で抽象的な話のように思えるかもしれませんが、現在では、現実世界のさまざまな問題に対してベイズの考え方が適用されるようになり、近年、その強力さが注目を浴びています。たとえば、いまをときめく人工知能や機械学習の分野でも、ベイズの考え方がその理論的な 礎 を与えています。

　話を天気予報に戻して、解析予報サイクルの手続きを少し抽象的に眺めると、ベイズの考え方と共通した構造をしています。ベイズの考え方の用語では、ある仮説について、新しい経験（観測事実）を知る前後の自信の度合い（その仮説が正しい確率）を、それぞれ事前確率、事後確率と呼びます。

　さて、解析予報サイクルにおいて、たたき台である第一推定値や観測値、出力である解析値を、ある決まった一つの値とは考えず、誤差を伴う確率的な変数として捉えることにしましょう。すると、解析予報サイクルはまさに、第一推定値の確からしさ（事

前確率）を観測によって更新することで、解析値とその確からし
さ（事後確率）を求めるという構造になっていて、自然にベイズの
考え方が適用できます。そうすることで、確率論という厳密な数
学の理論で問題を考えることが可能になり、議論の見通しがよく
なります。

　たとえば、ここでは詳しく述べませんが、「大気から出てくる電
磁波の強さを衛星から観測したとき、気温や水蒸気の分布をどう
推定するか？」という問いは、データ同化に必要な難問ですが、
ベイズの考え方に基づいて、第一推定値や観測値の誤差の確率分
布を考慮し、数学的に定式化することで、初めて解くことができ
るものです。

■■■ 逆問題としてのデータ同化

　物理法則をはじめ自然法則の多くは、あること（入力）がわかっ
ていると、あること（出力）が起こることがわかる、というかた
ちをしています。原因がわかれば、どんな結果になるのかが予測
できる、つまり因果律を記述している、ともいえるでしょう。

　このように、既知の入力（原因）に既知の法則を適用して、未知
の結果（出力）を予測する問題を「順問題」とよびます。たとえ
ば、4.1節（148ページ）・4.3節（157ページ）で説明した気象シミュ
レーションや数値予報モデルは、いまの大気の状態（原因）がわ
かっているという前提で、既知の物理法則を用いて未来の大気の
状態（結果）を予測するので、典型的な順問題だといえます（図1）。

　これとは逆に、結果（出力）から物理法則を手掛かりに原因（入
力）を推定する問題を「逆問題」とよびます。結果から原因を推
定する逆問題は、その考え方自体、推理小説のようで面白いので
すが、数学的にも興味深く、また実用上も重要です。たとえば地

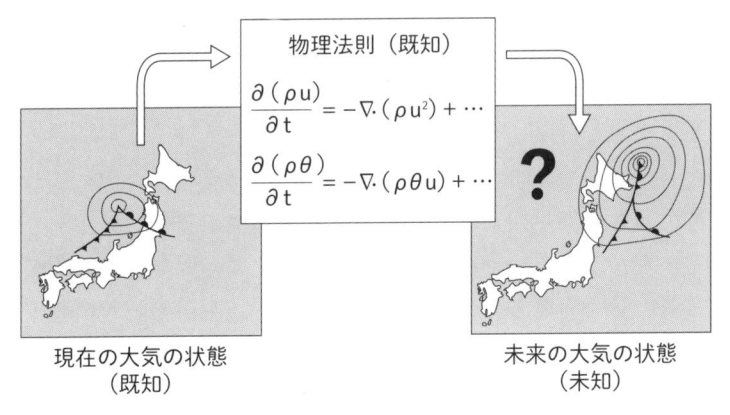

▶**図1** 順問題としての数値予報。

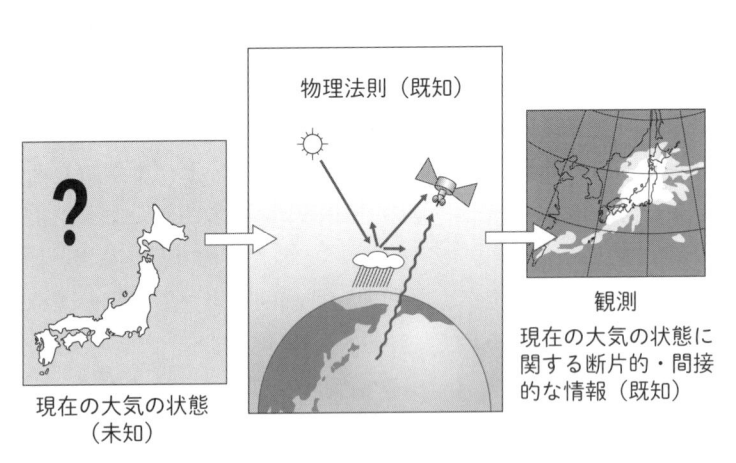

観測
現在の大気の状態に
関する断片的・間接
的な情報（既知）

▶**図2** 逆問題としてのデータ同化。

震波の伝達時間から地球内部の密度構造を推定することや、病院で撮影するX線CT画像、お腹の中の赤ちゃんの成長を確認する超音波（エコー）検査などは、どれも逆問題の応用例です。

さて、気象観測と大気の状態の関係を考えてみましょう。もし、大気の状態が完全にわかっていれば、直接観測（たとえば気圧計の読みなど）がどうなるかは自明です。では、気象衛星やレーダーによる電磁波の遠隔観測はどうでしょうか。大気が電磁波をどのように吸収・放出・散乱するか（放射伝達といいます）は既知の物理法則により決まるので、大気の状態がわかっていれば、放射伝達を計算することで、遠隔観測がどうなるかを予測することができます。つまり、大気の状態（入力）を既知として、どんな気象観測（出力）が得られるかを求める問題は順問題です。

データ同化では逆に、観測データ（出力）から物理法則を拘束条件に、大気の状態（入力）を推定しなければなりません。この意味で、データ同化は逆問題だと考えることができます（図2）。

数値予報におけるデータ同化を逆問題として見たとき、その特徴はなんといっても、その規模の大きさです。たとえば地球全体を対象にする全球データ同化では、一度の解析で数百万もの観測から数十億次元の変数（大気の状態）を推定します。人類が解いたことのある逆問題として、最大級の規模といえるでしょう。これほど大規模な逆問題を解くには、当然ながら膨大な計算が必要で、スパコンをもってしても簡単ではありません。しかも、毎日の天気予報に間に合わせるためには、この巨大な逆問題を遅くとも1時間以内には計算し終えなくてはなりません。このため巨大な逆問題であるデータ同化を高速に、なるべくメモリを使わずに解くためのアルゴリズムやテクニックの開発が、気象学分野では他のどの分野よりも高度に発達してきました。

ICT（情報通信技術）が高度に発達した現在、気象学以外のさまざまな分野でも大量のデータを収集することが可能になり、2010年頃から「ビッグデータ」という言葉が流行語になっています。このような時代背景のもと、現在ではこれまで気象（やその周辺の）分野で開発されてきた、大量のデータを高い計算効率で扱うデータ同化手法が、地震学・航空工学・生物学……などなど、さまざまな分野にも応用されはじめています。

■■■ データ同化の重要性と大気の力学のカオス性

　上述のように、数値予報におけるデータ同化は非常に大規模で、これに使う計算機資源も膨大です。たとえば日本の気象庁では、6時間分の観測データを同化するために、5日予報の何倍もの計算時間を割いています。なぜ、初期値をつくるだけ、ともいえるデータ同化にこれほど資源を割り当てるのか？　データ同化に割り当てる資源はほどほどにして、数値予報モデルをもっと高解像度（ニュースキーワード30、175ページ）にしたほうがいいのでは？　そう思われるかもしれません。

　数値予報システム全体のなかで、これほどデータ同化が重要視されるのには、きちんとした理由があります。それは大気の力学がカオス的、つまり、初期値のほんのわずかな誤差が、予報をしていくうちにあっという間に大きな誤差に成長してしまう（逆にいえば、初期値の誤差を少しでも小さくできれば、予報の誤差を大きく減らすことがきる）という性質を持つためです。天気予報とカオスの密接な関係については、ニュースキーワード33（209ページ）で詳しく説明します。

■■ 地道な品質管理の重要性

　ここまで見てきたように、データ同化は、高度な数学により構築された理論が最先端のスパコンで計算される、超ハイテク技術です。しかし、その精度の維持に決定的に重要なのは、観測データの品質管理という、地味で地道な作業であることは、あまり知られていないかもしれません。

　データ同化の理論は、観測誤差が正規分布に従う（つまり、極端に大きな誤差はほとんど起こらない）ことを仮定して構築されています。ところが、現実の観測データには、測器の故障はもちろん、設置・設定のミス、プログラムのバグ（不具合）、通報する人の書き間違いやタイプミス、あるいは風向風速計の上にカラスがとまってしまった、などなど、いろいろな理由で異常な値が混入してしまいます。おかしな観測が混じることは避けられないのですが、もしもこれをそのまま利用すると、データ同化のアルゴリズムにとっては想定外の挙動となり、誤差の大きな解析値をつくってしまいます。

　そこで、気象庁などの現業センターでは、データ同化を行なう前に、入電した観測データを一つ一つ精査して、疑わしい観測値を利用しないようにしています。この処理を品質管理（QC）といいます。現業システムのQCはかなり緻密に設計されていて、通報値が気象学的にありうる値を逸脱していないか（たとえば、東京の地上気圧の通報値が1090hPaだったら異常と判断）、航空機や船舶の観測値の場合、航路がおかしくないか（たとえば、ある時刻に東京湾にあった船が1時間後にハワイの近くから通報していたら異常と判断）、周りの観測値と整合しているか、第一推定値との差が極端に大きくないかなど、いくつもの階層を「合格」してきた観測値のみがデータ同化で利用されます。

これらの処理は当然、自動化されていますが、どの観測値が疑わしいかは人間の担当者が日々監視していて、何日も異常な観測をしている地点があれば「ブラックリスト」に登録し、その地点の観測値は利用されないようにしています。ブラックリストは日々、手作業で更新され、前節で述べた通り、その結果は定期的に観測者にも共有され、観測品質の向上に役立てられています。

　社会を支える高度なハイテク技術が、根本的なところでアナログ的な人の努力に支えられているわけで、少し意外に感じられるかもしれません。しかし、こういう例は数値予報の他にも、世の中にはいろいろとあるのかもしれませんね。

5.4──数値予報が表現できない現象の予測

■■■ 数値予報が表現できる現象・できない現象

　観測（5.2節）からデータ同化（5.3節）により得られた大気の現在の状態の推定値を初期値として、数値予報モデル（4.3節）を使って計算すると、いよいよ、未来の天気（＝大気の状態）の予測が得られます。しかし、数値予報モデルは天気を流体力学の現象として記述するので、流体としての大気の流れに影響しない、あるいはどのように影響するかがわかっていない現象は表現されません。

　たとえば雷が落ちるかどうかは、我々の生活への影響が大きな現象ですが、数値予報モデルでは直接表現されません。これは雷の原因となる大気中の電場（雲粒の摩擦がつくる電気的な影響の空間的な広がり）が大気の流れに影響するのかどうかがわかっていないので、数値予報モデルでは無視しているためです。また、日中にどのくらい遠くまでものが見えるかを視程とよびますが、視程も数値予報モデルでは直接表現されません。

　数値予報で表現できる現象には、物理法則だけでなく、計算できる「解像度」（ニュースキーワード30、175ページ）の限界からくる制約もあります。

　たとえば、数日先までの天気予報のもとになる、気象庁の全球モデルの解像度は約20kmなので、このモデルによる（たとえば）地上気温の数値予報結果は、20km四方の地上気温を代表した平均的な数値になります。しかし地上気温は場所がほんの数km違うだけでもかなりの差が出ることは普通なので、利用者としてはもっとピンポイントな予報がほしいところです。

　先に挙げたような、数値予報が表現できない現象を予測するにはどうすればよいでしょうか？　このような、物理法則が知られていないか、知られていてもそれを計算できるだけの資源が手に入らないような場合には、統計的な予測手法が有効です。

　そこで気象庁では、未来の大気の物理的な状態を数値予報により作成し、数値予報の出力を入力として、数値予報で表現できない現象を統計的に予測しています。このような手法を「ガイダンス」とよんでいます。統計的な予測には「機械学習」という手法が用いられています。

　ガイダンスを作成する方法にはさまざまなものがありますが、代表的な方法では、まず数値予報で表現されないが予測したい量（発雷の有無や各地点のピンポイントの気温など；「目的変数」とよびます）の実際の観測値と、同じ対象時刻の数値予報モデルの出力（「説明変数」とよびます）を集めます。そして、集められた過去データを用いて両者の統計的な関係を調べ、後者から前者を推定するための予測式を作成します（図上）。

　ここで、予測式には自由に変えられるパラメータ（媒介変数）があり※、説明変数を予測式に代入して得られる目的変数の予測値が、実際に観測された目的変数とよく合うようにパラメータを調節します。パラメータを調整することを「学習する」といいます。

　そして、実際に予測するときには、あらかじめ作成しておいた

※　たとえば、数値予報モデルが出力する東京周辺20km四方平均の気温から、東京のピンポイントの気温を予測する場合を考えます。もっとも簡単な予測式は、「東京のピンポイントの気温」（目的変数）＝「数値予報モデルの出力した気温」（説明変数）＋ b のようなかたちになります。ここで b はこれから決める定数で、いろいろな値の b を試しながら、予測式の精度がよくなる b を探します。ここでの b のような、予測式中の自由に変えられる変数のことを、予測式のパラメータとよびます。

この予測式に、数値予報から出力された説明変数を代入し、目的変数の予測値を作成します（図上）。

このように、予測の入力にする量（説明変数）と予測したい量（目的変数）のペア（教師データ）がたくさん与えられたうえで、それらの関係をあらかじめ学習しておき、実際の予測をするときには、いまある入力に学習して得られた関係を適用して予測値を得る方法を、機械学習の用語では「教師あり学習」といいます。

■■■ 統計予測に物理的知見は不要？

ガイダンスで用いる機械学習では、過去のデータから説明変数と目的変数の関係を拾い上げ、両者をつなぐ予測式をデータだけから構築します。この手続きのなかには、物理学や気象学の法則は直接的には登場しません。では、物理学や気象学などの自然科学的な知識は、ガイダンス作成ではまったく不要なのかというと、そうでもありません。ガイダンスの作成では、説明変数をどう選

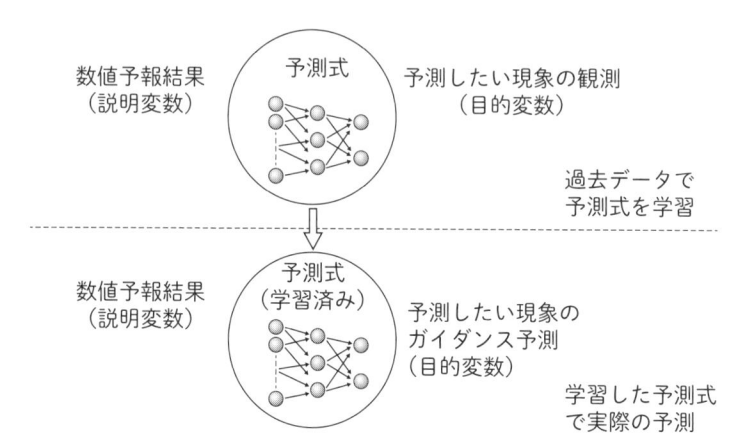

▶**図** ガイダンスの学習（上）と予測（下）の模式図。

ぶかが非常に重要で、そこでは予測対象の現象に対する深い洞察が必要です。

　説明変数を増やすと、それだけ予測式中の自由に選べるパラメータの数が増えます。決めるべきパラメータの数が多いと、それを十分拘束できるだけの学習データが必要ですが、学習データの作成には実際に過去に起こった事象の観測が必要なので、無尽蔵に学習データを増やすことはできません。十分な数の学習データがない状況でむやみに説明変数を増やすと、学習データにはピッタリ当てはまるが、肝心の、学習に使わなかった実際の数値予報データを入力すると的外れな予測をしてしまう予測式が作成されてしまう、ということが起こりえます。

　このような、学習したデータではうまくいくが、未知のデータを入力するとうまくいかない、という状況は「過学習」とよばれます。気象学の知識に基づいて、所望の予測精度を得るのに必要かつ十分な、なるべく少ない説明変数を選ぶことで、こうした過学習を防ぐことができます。

5.5——未来のシナリオづくり

　4.3節（157ページ）や5.3節（191ページ）、前節では、天気予報の基礎的な資料となる数値予報やガイダンスがどのようにつくられるかを見てきました。物理学や統計学が駆使される一方で、意外と気象学が直接的には登場しないことに驚かれたかもしれません。

　数値予報やガイダンスは、そのつくられ方からもわかる通り、解釈に物理学や統計学の知識が必要で、一般の利用者にわかりやすいものではありません。そこで、最終的に一般の利用者にわかりやすい天気予報の情報として伝える前に、人間の予報官が数値予報やガイダンスを解釈・翻訳します。そこでは気象学の知識が活用されます。

　数値予報やガイダンスは、それ自体は単なる数値の羅列（あるいはそれらを機械的に可視化したもの）です。予報官は、こうした機械的な情報を気象現象として解釈し、低気圧・高気圧・前線・大気不安定といった気象学の概念を用いて、これから起こるであろう気象現象（イベント）の時系列的な筋書きを作成します（図）。

　この筋書きのことを、予報官の間では「シナリオ」とよんでいます。シナリオは、数値予報が記述する客観的な味気ない予測よりも人間が理解しやすいので、シナリオを作成することで、これから何が起こりそうかがずっと把握しやすくなります。

　数値予報の結果をシナリオとして解釈することは、予測の修正を行なううえでも有用です。数値予報の精度は年々向上してきてはいますが、決して完璧ではなく、特定の気象条件で予測が特徴的なハズレ方をしてしまうことがあります。

　予報官は予報作業の一環として、数値予報結果を見て自らが作

成したシナリオと、実際の現象＝「実況」の推移を比較する「答え合わせ」を行なっており、過去の経験や予報官同士の知見の共有により、どのようなシナリオのときに数値予報がどのようにハズレやすいかという、モデルの「クセ」を把握しています。

　架空の例ですが、「春先に南岸低気圧が日本の南を東に進むとき、移動が遅れやすい」とか、「夏の終わりに台風が日本の南東海上を太平洋高気圧の縁に沿って北上するとき、転向（進む向きが西向きから東向きに変わること）後の移動が遅れやすい」といった具合です。

　予報官はモデルのクセを経験により知っているというと、いかにも職人的に、経験と勘によって数値予報を修正しているように思えるかもしれませんが、予報官による修正は、きちんとした気象学の知見に裏づけられている場合も多くあります。

観測実況

スーパー
コンピューター

数値予報資料　⇒　予報官

- 観測・数値予報・ガイダンス
  のつくられ方の知識
- 気象学の知識
- モデルの誤差特性
- 前の当番の予報官からの引き継ぎ
  … etc の総合判断

● 未来のシナリオ ●

シナリオ A：明日の日中に寒気トラフが東日本を通過、地表付近が日射により暖まり大気不安定、熱雷に注意。

シナリオ B：トラフの通過がシナリオ A より遅れる。大気下層は冷え始め、シナリオ A ほどの不安定はない。

▶図　予報官によるシナリオ作成のイメージ。

　たとえば、積雪がある（ない）とどんどん地表が冷える（温まる）、というアイスアルベドフィードバック（ニュースキーワード17、95ページ）のメカニズムは、数値予報モデルでも表現されています。これにより、冬季にモデルが表現する積雪の有無が現実から一度ずれてしまうと、気温がどんどん現実からずれていき、大ハズレになってしまうことがあります。このような場合、予報官は積雪の実況とモデルが表現する積雪を比較し、適切に数値予報を修正して、大ハズレを未然に防ぐことができます。

　実際に、日本の広い範囲を強い寒気が襲った2018年1月の終わりには、モデルが積雪の有無を誤ったために、東京の最低気温の数値予報が、実際より5℃ほど低い大ハズレを起こしてしまったことがありますが、予報官がこれを修正し、発表予報は大きくハズレませんでした。

　予報官の仕事は、シナリオをつくり、修正することだけではありません。ここでは詳しく述べませんが、災害の恐れのある現象が起きそうなとき、それを切迫感のある日本語の表現で伝える、非番のときに過去の予報作業を評価・検証するなどなど、人間にしかできない多くの大事な役割を果たしています。近年、人工知能の発達によりいろいろな仕事が自動化できるといわれていますが、機械（自動化された世界；数値予報など）と人間活動のインターフェース・接点としての予報官の役割は、今後もなくなることはないでしょう。

ラジオゾンデ

　ラジオゾンデとは、測器をつけたゴム気球に水素（稀にヘリウム）を充填して浮力により上昇させ、上空の大気の気温・湿度・風向・風速などの鉛直分布を直接観測する観測機材で（図1）、数値予報にとってもっとも重要な観測です。ゴム気球（風船）というといっけん、ローテクに感じられるかもしれませんが、最近のラジオゾンデはGPS受信機をつけていて、気球の位置を連続的に正確に記録することができます。位置の時間変化から風速も正確に測ることができるようになっています。

　「ゾンデ」とはsounding（鉛直構造を探査）をする機械という意味で、その読みはドイツ語に由来します（英語だと「ソンドゥ」に近い発音になります）。「ラジオ」とついているのは、計測した値を電波（ラジオウェイブ）による無線電信で地上の受信機に通報する機能を持つためです。

　ラジオゾンデは世界中で約600ヶ所から1日2回、協定世界時の0時と12時（日本時間の朝9時と夜9時）に同時に揚げられています（図2）。世界中で同じ時刻に一斉に気球が放たれる、というのはその状景を想像してみると壮観ですが、これが毎日2回、何十年も休むことなく繰り返されてきたと思うと、筆者は胸が熱くなります。

　気球はだいたい高度20〜30kmまで割れずに上昇することができ、成層圏まで観測できます。一般的なジェット旅客機の巡航高度は10kmですから、気球がこれほど高くまで上昇できるというのはかなり驚くべきことです。

気球は上昇しながら風に流されるので、日本の場合、ほとんどが海に落下するようですが、稀に地上に落ちることもあります。落下するといっても、安全には十分配慮されています。気球が割れたあと、センサー部分はパラシュートをつけてゆっくり落ちてくるようになっています。また、センサー部分は近年著しく軽量化されていて、2019年現在使用されているものの重量は100 g

▶**図1**　ラジオゾンデを揚げているところ。
出典：気象庁（https://www.jam.go.jp/jma/kishou/know/upper/kaisetsu.html）

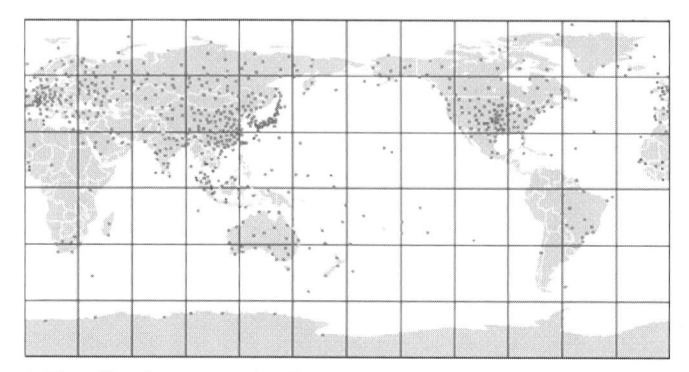

▶**図2**　世界中のラジオゾンデ観測点の分布。
出典：気象庁（https://www.jam.go.jp/jma/kishou/know/whitep/1-3-3/html）

もありません。

　パラシュートで落下してくるセンサー部分は発泡スチロールに囲まれた物体で、ラジオゾンデによる気象観測が一般にあまり認知されていないのもあって、不審物（爆発物など）と間違われることが稀にあるようです。実際、2018年9月には、福岡県に落下したラジオゾンデが不審物として警察に通報され騒ぎになり新聞やニュースで報じられました。なお、気象庁が使用するラジオゾンデには、発泡スチロール部分に目立つ文字で、

気　象　庁 気象観測器 危険物ではありません

と印字され、気象庁の担当官署の連絡先が記載されています。ただし、ラジオゾンデは研究機関などが研究用に放球する場合もあり、その場合は連絡先などが記載されていないものもあるかもしれません。

　繰り返しになりますが、毎日決まった時間に、一斉に世界中で何百個もの気球が揚げられています。場所によっては暴風雨や吹雪などの激しい気象に見舞われている場合もあるでしょうが、なるべく正確な天気予報をみなさんに届けるために、厳しい条件でも頑張って観測している人の姿を想像すると、筆者などはロマンを感じてしまいます。みなさんも今度、天気図を見たら、世界中で数百人（1000人以上かもしれません）の技術者が協力して何百個もの気球を一斉に揚げている光景を想像してみてください。

ニュースキーワード 33
天気予報とカオスの発見

　晴れた休みの日に、遠浅の海岸へ家族で潮干狩りに出かけたことのある方も多いと思います。そのとき、民間気象会社や気象庁、海上保安庁のウェブサイトなどで、事前に潮の満ち引き（潮位）の予測情報をチェックした方もいるでしょう。そして、「潮位は1年以上前からこんなに正確に予測できるのに、なぜ、同じ地球上の自然現象である天気は、1週間先すら予測があまり当たらないのだろう？」── そんな疑問を持った方もいるかもしれません。この違いを説明するカギは「周期性」にあります。

　潮の満ち引きは、天文（重力）と気象（気圧）による外からの影響と、海自身の内部の変動の重ね合わせにより説明されますが、その変動のほとんどが、太陽や月からの重力が海水をどのように引っ張るか、という天文現象で決まります。太陽や月からの重力の変化は周期的な現象です。ここで周期的とは、同じことが繰り返し起こることをいいます。周期的な現象では、いまと同じ条件が過去に起きていれば、そのときの状況の時間的変化の記録を参照することで、将来がどうなるかを正確に予測することができます。

　潮の満ち引きの場合、太陽と月と地球の位置関係を観察して、いまと同じ位置関係にある日が過去に起こっていたかを調べれば、そのとき、その後どうなったかを調べることで、いまからそのときと同じことが起こると予測できます。よって、物理法則を知らなかったとしても、過去のデータだけから正確な予測ができてしまいます（ただし、現在の天文計算は厳密な力学計算によって行なわれています）。

　さて、天気は周期的な現象でしょうか？　毎日、天気図を眺め

ていると、「昔こんな気圧配置を見たな」と思わせるような、よく似た天気図を過去の記録から見つけられることはよくあるのですが、その後の天気の進行はまるで違ったものになるのが普通です。ここから、天気は周期性のない現象だ、と結論できそうです。「今日の天気図と似た天気図（アナログとよびます）を過去の記録から探し、そのときのその後の天気の変化から将来の天気を予測する」という手法を「アナログ予報」といいます。

　20世紀初めに世界で初めて手計算での数値予報を試みたリチャードソン（4.1節（148ページ）、4.3節（157ページ））はその著書で、当時ヨーロッパではアナログ予報が行なわれていたこと、そしてその予報の精度が悪いので、物理法則による数値予報を目指そうと着想したことを述べています。

　天気の周期性と予測可能性について研究していた、アメリカの気象学者、エドワード・ノートン・ロレンツは1963年に画期的な論文"Deterministic nonperiodic flow"（決定論的で周期性のない流れ）を発表します。ロレンツは大気の流れの本質が、非線形で、外から入ってくるエネルギーと摩擦などで消散するエネルギーが釣り合っていることにあると考え、大気の流れ（ここでは熱対流）をモデル化した、とても小さな方程式系（変数が3つだけの簡単な常微分方程式）を考案し、その解の性質を考察しました。そして、解には周期性がなく、初期値がほんの少し違うだけで、その差が時間とともにすごい速さで増大してしまうことを示しました。

　ロレンツが示したこのモデルのように、初期値をほんの少し変えるだけで将来の状態がまるで異なってくる決定論的な力学系を現在では「決定論的カオス」とよび、そのような性質を「（決定論的）カオス性」といいます。このカオス性は、予測可能性に対して重大な意味を持ちます。カオス的な系では、どんなに正確に初期

値を求めても、予測時間を長くすると誤差が急速に大きくなり、やがては予測の精度が、系が取り得る状態からサイコロでも振って適当に選んだもの（ランダム予測）と同じ程度になってしまう、つまり意味のある予測ができなくなるからです。冒頭の疑問に話を戻すと、潮の満ち引きと違って天気を何年も前から正確に予測することができないのは、天気の運動がカオス的で、本質的に長期間の予測が不可能なためなのです。

　大気の力学が実際にカオス性を有しているであろうことは、毎日の数値予報の結果からも確認できます。図に、気象庁の数値予報モデルを、お互いにほんのわずかに違う51通りの初期値から1ヶ月間積分した結果を示します。東日本上空の850hPa（地上約1500m）の気温の予測を平年からの差として表示してあり、この図では見やすくするために前後3日（合計7日）の平均を示してあります。計算を始めて最初の数日程度は結果にあまり差がないのに、だんだんとばらつきが大きくなり、14日目頃以降にはてんでバラバラになっている様子が確認できます。

　このように、天気予報を約1週間以上前から正確に当てることは、大気の持つカオス性のために、原理的に困難と考えられています。では、1週間程度より先の天気はまったく予測できないのかというと、そうではありません。この点についてはニュースキーワード34と35（216ページ）で解説します。

　ロレンツモデルのような簡単な方程式ですら、周期性のない複雑な挙動が生じうる、という「カオスの発見」は、ニュートン以来の決定論的世界観を覆し、世界を驚かせました。「こんな簡単な系ですら人類は予測できないのか！」と悲観した人もきっといたでしょう。一方、「こんなに複雑な挙動がこんなに簡単な法則から発生するのであれば、たとえば生命現象のようないっけん手に負

えそうにない複雑な現象も、それを支配する法則は案外簡単なのではないか！？」と希望を見出した人もいました。

　気象学者も、カオスの発見で悲観することなく、カオス性を逆手にとって、天気予報にさまざまな新しいアイデアを導入し、高度化してきました。たとえば、図に示したように、初期値がわずかに異なる予報をたくさんシミュレートすることで、それらのばらつき具合から、その日の予報がどのくらい不確実かを予測することができます。このような手法を「アンサンブル予報」といい、毎日の天気予報の信頼度の推定に活用されています。

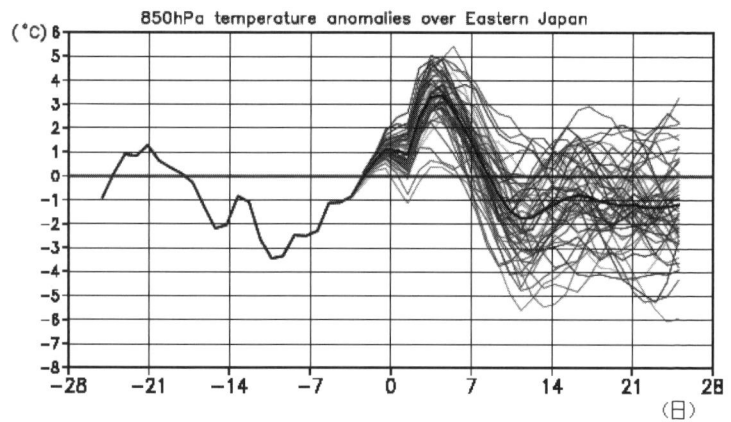

850hPa気温偏差 東日本（135E-140E, 35N-37.5N）
850hPa temperature anomalies over Eastern Japan

▶**図**　天気予報のカオス性。
出典：気象庁（https://www.jam.go.jp/jma/kishou/know/kisetsu_riyou/method/ensemble.html）

【参考文献】　Lorenz, E. N., Deterministic nonperiodic flow, Journal of the Atmospheric Sciences, vol. 20, 1963, pp. 130-141.

ニュースキーワード **34**
決定論的予報と確率予報

4.3節（157ページ）で述べたように、物理の法則には未来を予測する力があります。現在の状態が確定すれば、物理法則に基づき未来の状態が自動的に決定される、これが現在の天気予報を支える数値予報の原理です。「観測データをもとに、現在の大気のとりうる状態のなかから確からしい推定値をデータ同化によりひとつ定め、これを初期値として、数値予報モデルにより未来の大気のもっとも確からしい状態をひとつ予測する」、このようにしてつくられる予報は「決定論的予報」とよばれています。決定論的予報は一番正確と思われる予測をひとつだけ与えるので、利用する側としても使いやすく、天気予報のもっとも基礎的な資料となっています。

ところが、ニュースキーワード33で説明したように、大気の力学が持つカオス性のために、決定論的予報で意味のある予測（つまりランダムな予測よりも当たる予測）を行なえる期間には限界があります。現在の数値予報システムでは、1週間から10日程度が、決定論的に意味のある予測ができる限界です。では、1週間より先の天気については、我々は何も知ることができず、下駄を投げ、サイコロを振るしかないのでしょうか？

「来月10日の朝9時の東京の気温は15℃」のような、遠い将来に対する断定的な予報、つまり大気の状態の、ある場所のある瞬間の値の予測を決定論的に行なうことは、決定論的カオスのもとでは残念ながらできません。しかし、ある事象が起こる確率であれば、決定論的カオスのもとでも、アンサンブル予報の技術を活用すること

で、ある程度予測できます。

　たとえば、図（前項より再掲）の例であれば、7日後は細い線の大部分が0より上（図中のb）にあることから、「7日後の気温は平年より高い」確率がかなり高いであろうこと、しかし14日後を見ると0より下の線（図中のc）が上の線（図中のd）より多めなことから、「14日後の気温は平年より低い」確率がそうでない確率より高そうなこと、そして予測期間の最後となると0より下の線（図中のe）と上の線（図中のf）の数に大きな差はなく、平年より高いか低いかはっきりわからないが、どの線も±4℃程度に収まっていて、異常な高温や低温になる確率は低そうだ、ということがわかります。

　このような、ある事象が起こる確率に関する予測を与える予報

850hPa気温偏差 東日本（135E-140E, 35N-37.5N）
850hPa temperature anomalies over Eastern Japan

▶**図**　ある日の850hPa気温の1ヶ月アンサンブル予報値。
（ニュースキーワード33の図に加筆して再掲。気象庁ウェブサイト（http://www.jma.go.jp/jma/kishou/know/kisetsu_riyou/method/ensemble.html）をもとに加筆。）

を、決定論的予報との対比で確率予報とよびます。

　確率予報はその解釈が難しく、受け取ってもそれをどう意思決定に使えばいいのか、使い方が簡単ではありません。

　たとえば「再来週の平均気温が平年より1℃以上高い確率が70％」のような予報を受け取ったとして、実際には平均気温が平年と変わらなかったとしても、その予報は当たりだったのかハズレだったのか判別できません。確率予報は一度の事象だけについて考えると、検証することすらできないのです。

　確率予報は、繰り返し複数の事象に対して与えられたうえで、統計をとって初めて意味を持つ情報であるため、有意義に活用するには確率・統計の知識が必要となります。確率的な予測情報をどのように利用者に伝えるかは、気象学・統計学・社会学・心理学などにまたがる難しい問題で、世界中でさまざまな研究が行なわれています。

明日の予報と季節予報

　テレビのニュース番組の天気コーナーでは、今日や明日の天気がまず解説され、その後、1週間程度先までの天気予報（週間天気予報）が解説されることが多いと思います。今日明日の天気予報は一般に短期予報とよばれ、5.1節〜5.5節で解説した流れで気象庁が毎日、一日に3回、作成しています。短期予報は基本的には決定論的予報として発表されます。天気（晴れ・曇り・雨・雪など）や気温、気圧、風、湿度などのもっとも確からしい値がひとつだけ示されるため、直感的にも利用しやすいでしょう。

　ただし、降水（雨や雪）については、降水の有無の確率が「降水確率」として、確率の値で予報されます。これは、降水をもたらす現象のなかには、夏季によく見られる熱雷などのように（第6章）、大きな空間で見ると大気の状態が決定論的に与えられる場合でも、実際にいつどこでどのくらい降水があるかは本質的に確率的にしかわからない現象が含まれるためです。降水確率は決定論的な数値予報の結果を入力としてガイダンス（5.4節、199ページ）により統計的に作成され、最終的に予報官が解釈・補正したものが発表されます。

　ニュース番組を見ていると、ときどき、「気象庁から1ヶ月予報が発表されました」とか「3ヶ月予報が発表されました」と、毎日の天気予報とは別に報じられることがあります。天気のコーナーで扱われることが多いのですが、予報の内容が重大な場合には、他の一般のニュースと横並びで扱われることもあります。これらの、対象期間の長い天気予報は季節予報とよばれ、1ヶ月予報・

3ヶ月予報の他に、半年も先までカバーする暖候期予報・寒候期予報もあります（表）。

　季節予報が対象とする長い予報期間では、ニュースキーワード33・34で述べた通り、決定論的な予報は不可能なので、季節予報はすべてアンサンブル予報を基礎に、確率予報として発表されます。個々の低気圧・高気圧などの推移を予測できないため、予報の対象とする現象も、特定の日付の天気や気温ではなく、時空間的に大きく見た大まかな天候になります。また気温や降水量の表現の仕方も短期予報とは異なり、平年と比べて高い（多い）か、低い（少ない）か、平年並みか、によって表現します。

　たとえば、短期予報では「4月10日の東京都の天気は晴れ、最高気温は20℃前後になるでしょう」というような予報が発表されますが、季節予報では「4月10日から4月16日の一週間は、関東

表 気象庁が発表する季節予報の種類と内容（2019年6月現在）。

種類	発表頻度	確率的な予報対象
1ヶ月予報	毎週木曜日	向こう1ヶ月の平均気温、降水量、降雪量（冬季の日本海側の地域のみ）、日照時間、1週目・2週目・3〜4週の平均気温
3ヶ月予報	毎月25日頃	3ヶ月平均気温、降水量、降雪量（冬季の日本海側の地域のみ）、日照時間、各月の平均気温、降水量
暖候期予報	毎年2月25日頃	夏（6〜8月）の平均気温、降水量、梅雨時期（6〜7月、沖縄・奄美は5〜6月）の降水量
寒候期予報	毎年9月25日頃	冬（12〜2月）の平均気温、降水量、降雪量（日本海側の地域のみ）

　これらの他、2週間先までの5日平均気温等を対象とする「2週間気温予報」、2週間先までに異常な高温・低温または異常な降雪が予想される場合に臨時に発表される「早期天候情報」がある。

甲信地方では晴れる日が多く、一週間の気温の平均が平年より高くなる確率は40％、平年並みの確率は30％、平年より低くなる確率は30％です」といった具合です。

　さて、上記のように本質的に確率的な季節予報ですが、テレビや新聞で報道されるときには、決定論的に報じられることが多いようです。確率予報の解釈の難しさに配慮して、報道機関が伝え方を工夫してくれているのかもしれません。

　たとえば2019年の5月〜7月を対象に気象庁が2019年4月24日に発表した3ヶ月予報では、九州から関東甲信・北陸にかけての広い範囲で、3ヶ月の平均気温が「平年より高い確率30％、平年並みの確率40％、平年より低い確率30％」と発表されました。しかしいくつかの新聞社の記事では、「北日本から西日本にかけて気温はほぼ平年並み」と、決定論的な表現のみで報じられていました。平年並みの確率が一番高いので、その意味で適切な要約ではあるのですが、もし気象庁発表の確率予報が完璧だったとしても、「平年並み」という決定論的な表現の予報が当たる確率は40％、外れる確率は60％です。

　このせいでしょうか、筆者の周辺の（気象学関係以外の）友人からは、「季節予報はあまり当たらないよね」と言われることがあります。たしかに、季節予報に短期予報のような高い精度はありません。しかし、もしかしたら、確率予報として発表された季節予報が決定論的に報じられているために、不当に（！）ハズレやすい印象を持たれている、という可能性もあるかもしれません。

ニュースキーワード 36
人工知能で天気予報?

2019年現在、「人工知能」（AI）の研究と産業化がブームを迎えており、連日ニュースを賑わせています。「人工知能」（AI）は定義が曖昧な用語ですが、一般のニュースなどで人工知能やAIという用語が使われる場合、もっぱら機械学習を指すことが多いようです。機械学習が画像や音声の認識でさまざまな成果を上げていることを受け、機械学習を用いることでさまざまな分野で技術革新が起きるのでは、と期待する向きも多く、天気予報の分野でも機械学習を活用して何か新しいことをしようとする研究が増えてきました。

天気予報の分野では、じつはかなり古くから機械学習が使用されており、特に数値予報の結果から、数値予報だけでは表現できない現象を予測する「ガイダンス」ですでに実用化されていて、毎日の天気予報にも活用されているのは5.4節（199ページ）で説明した通りです。現在実用化されている天気予報では、現象の時間発展の予測、つまり現在の大気の状態を入力として未来の大気の状態を予測する部分は数値予報（＝物理法則）に任せ、それで表現しきれない現象を機械学習（＝統計・経験則）で補っています。つまり、数値予報による未来の予測を入力として、数値予報が表現できない未来の現象を機械学習で予測する、という役割分担をしているわけです（図）。

このような役割分担の体制ができあがった背景を歴史的に顧りみると、20世紀前半のリチャードソンのアナログ予報に対する悲観（ニュースキーワード33、209ページ）まで遡ることができそうで

す。過去の事例から将来を予測するアナログ予報は、機械学習の萌芽とも考えることができるでしょう。

　20世紀後半になってコンピュータが登場すると、アメリカでは、機械学習のような統計的アプローチと数値予報のような力学的アプローチの長短を比較する研究プロジェクト（Statistical Forecasting Project）が始まり、これに参加したロレンツはこの研究の一環として、気象現象がカオス的で周期性がないことを明らかにしました（ニュースキーワード33、209ページ）。決定論的カオスのため、気象現象では過去に起こったことが一度もない出来事が毎日のように起こります。ロレンツはこのため、過去のデータだけを根拠とする統計予報では精度のよい天気予報はできないだろうと結論づけました。

　ここからは筆者の私見ですが、ロレンツの結論は、現在ブームを迎えている機械学習についてもそのまま当てはまるのではないでしょうか。機械学習では、学習に使った教師データの範囲の外の事象がうまく予測できないことが知られています。よって、機械学習による予測では、顕著現象、つまり過去に起きたことのない現象の予測は、特に難しそうです。

　しかし、天気予報のもっとも重要な目的である防災での利用のためには、顕著現象こそ正確に予測できなければなりません。機械学習とは対照的に、物理法則に基づく数値予報では、過去に起きたことのない現象も当たり前のように予測することができます。たとえば、北海道と東北地方に大きな被害をもたらした、2016年台風第10号"ライオンロック"は極めて特異な進路をたどり、観測史上初めて、東北地方に太平洋側から上陸しましたが、数値予報はそれを正しく予測できていました。

　以上のように、ロレンツが明らかにした、大気の力学のカオス

性・非周期性を考えると、天気の時間発展の予測には、人工知能（機械学習）よりも数値予報（物理予測）が適していそうです。天気予報に人工知能の活用によるイノベーションが起こるとすれば、それはきっと時間発展の予測以外の部分においてでしょう。人工知能と相性がよさそうな分野として、数値予報を入力とする統計予測であるガイダンス（5.4節、199ページ）の他、観測データの品質管理（5.3節、191ページ）、数値予報モデル中のパラメタリゼーション（4.3節、157ページ）などが挙げられそうです。

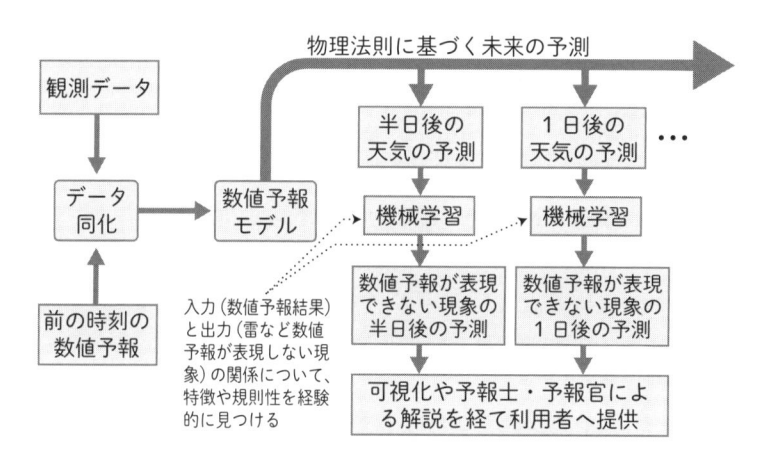

▶**図**　現在の数値予報における機械学習の使われ方の模式図。

気象データと生産性革命、気象ビジネス推進コンソーシアム

　1952年に制定された、日本における気象業務の基本的制度を定める法律「気象業務法」では、制定当時の条文において、「気象業務の健全な発達を図り、もって災害の予防、交通の安全の確保、産業の興隆等公共の福祉の増進に寄与する」ことを目的として定めています。産業に役立てることが、70年近く前にはすでに気象業務の主要な目的のひとつとされてきました。

　しかし気象データの本格的な産業利用は、長らく航空・船舶・電力など、ごく一部の分野に限られてきました。気象や天気が需要や作業効率などに大きく影響を与える産業は他にもたくさんあるはずなのに、これまであまり気象データが活用されてこなかった理由として、たとえば以下のような要因が挙げられそうです。

（1）観測や予測の精度、解像度が、ビジネスに活かすには足りない

（2）気象条件と業務・ビジネスに関係する数量（需要・作業効率など）の定量的な関係が明らかでない

（3）気象データをリアルタイムに取得する方法がない（わからない）

　ところが、最近の十数年で、情報通信技術（ICT）や気象観測技術・数値予報技術がすさまじい勢いで高度化しました。気象データの産業利用を考えるうえで、上記（1）の障壁はどんどん低くなっています。また、現在ではICTがさまざまな産業にすみずみまで浸透し、IoTを活かした業務のデータ化が進んでいます。蓄積

された業務データと気象データを分析して、（2）を解決するコンサルティングを提供できる民間気象会社や、機械学習・人工知能のノウハウを提供する新興企業も増えてきています。高速な通信環境の浸透した現在では、（3）はもはや問題にはならないでしょう。気象データを産業利用するという点で、いままさに、機は熟した、といえる状況です。

　日本では現在、少子高齢化に伴い、労働人口の減少が未曾有の勢いで進行しています。深刻な働き手不足の緩和・解決策として、内閣は「生産性革命」を推進しており、この流れのなかで国土交通省は「生産性革命プロジェクト」を立ち上げました。気象庁はこのプロジェクトの一環として「気象ビジネス市場の創出」を掲げ、2017年に、産官学が連携して気象データの産業利用による生産性の向上を推進することを目的として「気象ビジネス推進コンソーシアム」（略称：WXBC）をスタートさせました。2019年現在、気象事業者やインフラ関係企業のほか、航空、小売、保険、食料、農業、観光、通信、情報サービスなど、幅広い産業界の企業・団体、学術・研究開発機関、国や地方の行政機関など、600を超える事業者が参加し、活発に活動を展開しています。

　気象ビジネス推進コンソーシアムでは設立以来、気象データの利活用に関するセミナーの開催、気象事業者と産業界のマッチングを促す場の提供などを、全国で精力的に展開しています。また、気象庁では気象データを機械学習などの自動処理の用途で使いやすくするため、気象庁が提供する各種データを機械可読な形式で一括ダウンロードできる環境を整備しています。

　このような活動を新聞やニュースで見聞きすることも増えてきました。気象データの新しい使い方を提案し合うアイデアコンテストなどのイベントも開催されているので、「気象データでこんな

ことができる！」といったアイデアのある方は、ぜひ、参加して
みてください。

農業
・生産管理
・霜対策
・病害虫
・熱中症
 ：

建設
・作業効率化
・危険回避
・熱中症予防
 ：

電力
・再生可能（太陽光・
 風力）エネルギー
 の発電予測
・電力需要予測

航空・船舶
・安全確保
・乱気流回避
・着氷回避
・航路最適化
・燃料計算
 ：

食品・飲料
・需要予測
・販売促進
 ：

アパレル
・需要予測
・天候に合わせた
 コーディネート
 の提案
 ：

陸運
・融雪剤散布の効率化
・除雪車の計画的手配
 ：

保険・衛生
・気象病対策
・熱中症予防

観光
・桜や紅葉の見頃予想
・雲海など気象現象の観光資源化
・旅行客の安全確保
 ：

▶**図** 気象データの活用例。

ニュースキーワード **38**

注意報、警報、特別警報

テレビを見ているときに「〇〇市に大雨警報」のようなテロップが流れたり、あるいは防災行政無線で「こちらは防災〇〇です。当地域に大雨警報が発表されました」などと放送されたりするのを聞いたことがある方は多いでしょう。注意報や警報は私たちの安全を守るための重要な情報ですが、これらが発表されるのはどういう状況なのか、発表されたら何をしたらいいのか、必ずしもよく知られていないかもしれません。

気象庁が発表する注意報・警報には、気象に関するもの以外に、地震動に関するもの（緊急地震速報）、津波に関するもの、火山活動に関するものなどがありますが、ここでは気象に関する注意報・警報について解説します。

気象業務法をはじめとする法令では、注意報とは「災害が起こるおそれがある場合に、その旨を注意して行う予報」と、警報とは「重大な災害の起こるおそれのある旨を警告して行う予報」と定めています。注意報や警報が発表されているときには、災害が起きてもおかしくないということです。防災を担う自治体やインフラ管理者などの機関は、注意報や警報が発表された場合にとるべき行動の時系列（タイムライン）をあらかじめ決めていて、実際に注意報や警報が発表されると、事前に策定したタイムラインを基本として、ときには臨機応変に対応を変えつつ、防災にあたります。このような考え方をタイムライン防災とよんでいます。

このように、注意報・警報は、防災活動のトリガー（引き金）となる重要な情報であり、恣意的な運用は許されません。気象庁

では、過去に実際に発生した災害と、そのときの気象条件の対応を詳しく調べ、自治体の防災担当者と事前に相談・合意したうえで、注意報・警報を発表すべき気象条件の基準（発表基準）をあらかじめ策定しています。そして、日々の気象業務では、あらかじめ策定しておいた発表基準と現在の気象実況や予測資料とを常に照合し、注意報・警報の発表を判断しています。

　注意報・警報の発表・運用の仕方は絶えず改良されてきていますが、現在の形態になったのは2010（平成22）年の気象業務法改正以降です。それまではいくつかの市町村をまとめた区域を対象として注意報・警報が発表されていましたが、2010年以降、市町村ひとつひとつを対象に発表されるようになり、自治体の首長による住民への避難勧告・避難指示の判断に、それまでより直接的に資するようになりました。市町村のような空間的に小さな範囲に対象を限定して情報を出すのはとても難しいことです。本章で述べた観測網の整備や数値予報の精度向上など、技術の飛躍的な発展があって、はじめて市町村を対象とした注意報・警報の発表が可能となりました。

　2010年の市町村警報導入にあたり、注意報・警報の発表基準も大規模に改定されました。新しい基準には、上述の通り、過去の実際の災害の有無が反映されています。つまり、警報が発表されるのは、そのような気象条件では過去に実際に重大な災害が起きたからです。今度、ご自身のいる地域で警報が発表されたら、危機感を自分のことと感じて、危険を避ける行動をとってほしいと思います。

　警報が発表されるような状況はすでにかなり危険な状態ですが、警報基準を何倍も上回る異常な気象条件も稀に起こります。たとえば、和歌山県・奈良県に大水害をもたらした、平成23年台風第

12号（2011年）では、紀伊半島で通常1年に降る雨の半分以上がわずか5日間で降る、過去に記録されたことのないような異常な大雨となりました。このような異常な気象条件では、特にそれが空間的に広い範囲にわたる場合には、行政による防災活動（公助）だけでは守れる命に限界があり、住民一人一人が危機感を持って自分の命を守る行動（自助）、家族や周囲の住民など自分の周辺の人々を守る行動（共助）がどうしても必要です。しかしながら、制度上、警報より強く警戒を呼びかける情報がないため、そのような異常な状況下で気象や防災の専門家が抱く切迫感が、一般住民までうまく伝えられないことが問題視されました。

　異常な条件下で、切迫した危機感を広く伝える手段として、2013（平成25）年から新しく運用されたのが特別警報です。特別警報の発表基準は非常に厳しく、本当に稀な、数十年に一度しか起こらない、重大な危機が差し迫った状況でのみ発表されます。実際に、制度の運用開始以後に特別警報が発表された事例はすべて大きな被害を伴っています（表）。

　特別警報が制定されたからといって、警報の位置づけが下がったわけではなく、警報が発表される状況が危険な状況であることに変わりはありません。「警報が出ていても特別警報が出ていないから大丈夫」のように考えることは間違っています。実際、特別警報級の異常な条件を正確に前もって予測することは、残念ながら現在の技術では困難なため、特別警報が発表された時点で（まだ把握されていないだけで）すでに災害が発生している可能性が高いというのが、現状です。もしお住まいの地域で警報が発表されたら、決して「でも特別警報じゃないんでしょう？」というような考え方をせず、危険を回避する行動をとってください。繰り返しますが、警報が発表されるような気象条件では、過去に実際に

重大な災害が起こっているのですから、たとえ結局、災害が起こらなかったとしても、それは運がよかっただけなのです。

表 これまでに特別警報が発表された主な事例

現象の名称	特別警報の種類	特別警報の発表期間	対象区域	被災状況[1]
平成30年7月豪雨	大雨	7月6日-8日	福岡県、佐賀県、長崎県、広島県、岡山県、鳥取県、京都府、兵庫県、岐阜県、高知県、愛媛県	犠牲者224名、行方不明者8名、負傷者459名、住家全壊6,758棟、半壊10,878棟、一部破損3,917棟など。
平成29年7月九州北部豪雨	大雨	7月5日-6日	福岡県、大分県	犠牲者39名、行方不明者4名、負傷者35名、住家全壊309棟、半壊1,103棟、一部破損94棟など。
平成28年台風第18号	暴風・波浪・高潮・大雨	10月3日	沖縄県沖縄本島地方	負傷者13名、住家半壊1棟、一部損壊18棟など。
平成27年9月関東・東北豪雨	大雨	9月10日-11日	栃木県、茨城県、宮城県	犠牲者8名、負傷者80名、住家全壊81棟、半壊7,044棟、一部損壊384棟など。
平成26年9月11日の北海道の豪雨（気象庁による命名なし）	大雨	9月11日	北海道石狩地方、空知地方、胆振地方、後志地方	住家一部損壊1棟、河川・道路被害多数、崖崩れ9ヶ所など。[2]
平成26年8月豪雨（台風第11号）	大雨	8月9日	三重県	三重県内で負傷者7名、河川・道路被害多数、住家半壊2棟など。
平成26年台風第8号	暴風・波浪・高潮・大雨	7月7日-9日	沖縄県宮古島地方、沖縄本島地方	負傷者30名、住家全倒壊1棟、半壊1棟、一部損壊13棟、停電37,600戸など。
平成25年台風第18号	大雨	9月16日	京都府、滋賀県、福井県	対象3府県で犠牲者2名、負傷者12名、住家全倒壊8棟、半壊22棟、一部損壊70棟など。

※1 特に記述のない場合、該当する年度の消防白書による。
※2 出典：札幌市『9.11豪雨対応検証報告書』。

ゲリラ豪雨を激減させるには　　　　　　　　　　下瀬 健一

　ニュースなどでよく用いられるゲリラ豪雨という言葉ですが、気象学的な定義はありません。そのため、Twitter などで夏の夕立についてつぶやいている投稿を見ると、その日は朝から天気予報で夕立の可能性が伝えられていたにもかかわらず、「ゲリラ豪雨なう」などとつぶやかれていたりします。

　ただの夕立がゲリラ豪雨になるとき、それは、「今日は夕立の可能性がある」という天気予報を聞き逃していたため、ゲリラ化してしまっているのです。つまり、ゲリラ豪雨を激減させるためには、我々一人一人が、日々の天気予報をしっかりと見聞きし情報を得ることによって、ゲリラ化した夕立をただの夕立に戻してやることです。

　もちろん、ただの夕立だけでなく、局地的大雨のようなゲリラ豪雨もあります。しかしながら、天気予報をしっかりとチェックし情報を得ていれば、豪雨による被害は最低限に抑えることができるはずです。

　残念ながら毎日必ず天気予報をチェックするのは容易ではなく、忙しいときは聞き逃してしまうこともあるでしょう。そのような人が救われるためには、日頃から家族や友人、職場の同僚とコミュニケーションをとり、あいさつをするときはお天気の話をしてみることです。そのようにすれば、たとえ自分が天気予報を見るのを忘れたとしても、その日の午後から雨が降ることがわかったりしますし、自分が誰かに教えてあげることによって、その人が救われたりするのです。毎日しっかりと天気予報をチェックして、あいさつは天気から、を実践すれば、必ずゲリラ豪雨を激減させることができるでしょう。

第**6**章

災害と直結、
激しい大気現象
の正体！

6.1——激しい風の正体は?

■ 強風のメカニズム

　風は、気圧の高いところから低いところに向かって吹きます。また、地球の自転の影響により、北半球であれば、風が吹く方向に対して右に曲げる力がかかります。前者を「気圧傾度力」、後者を発見者であるフランスの物理学者の名前をとって「コリオリ力」とよびます（ニュースキーワード1、30ページ）。他にも、「遠心力」や「摩擦力」など、風はさまざまな力が働いて発生しています。

　風の速度「風速」が15m/sを超えると、人が転倒したり、農作物が倒れたり、建物が損壊したり、甚大な被害が発生します。もちろん、そのような激しい風はいつも吹いているわけではなく、ある決まった条件がそろったときに吹きます。たとえば、台風や発達した温帯低気圧の襲来時、または気圧傾度力が強まる、冬型とよばれるような気圧配置になったときです。

　風から受ける力は、風速の2乗とその風を受ける面積、空気密度と特定の係数をすべてかけ合わせて計算できます。たとえば大人が受ける風の力は、風速が10m/sだと約5 kg、風速30m/sだと約40kgと見積もられます（日本風工学会ウェブサイトより）。台風の接近で風速50 m/sの暴風を体で受けたとすると、110kgの力が全身にぶつかってくるわけです。

■ 日本各地で吹き荒れる局地風

　日本各地には、地形の影響を受けて、特定の地域に限って吹く強い風「局地風」があります。局地風はその地域の人々の生活に密着しており、それぞれの地域特有の名前がつけられています。吉野の研究（1986）や近年の研究（日下・西 2012、Kusaka and Fudeyasu

2018）により、日本の局地風がまとめられています（図1）。その局地風のなかでも、山形県の「清川だし」、岡山県の「広戸風」、愛媛県の「やまじ風」は日本三大局地風に挙げられています。

どういった地形によって局地風が発生しているのか？　広戸風ややまじ風は、山から麓に吹き下ろす「おろし風」です。おろし風とは、気流が山を越える際に山の斜面からその麓まで吹く強い風で、他に赤城おろしや筑波おろし、六甲おろしが有名です。広戸風の場合、岡山県北東部の標高約1200mの那岐山から、その南麓の広戸地域に向かって強風が吹いています。このおろし風はいつも強いわけではなく、和歌山県南岸を台風が通過しているときに急激に強まり、広戸風とよばれます。

清川だしは山形県庄内町に吹く「地峡風」です。地峡風とは、標高の高い地形の間にはさまれた谷や峡谷、またはその出口で吹く強い風のことを指します。地峡風のひとつのだし風とは、陸から海へ吹き出す風を指し、船を出す風という意味でそのようによばれます。新潟県の荒川だしや愛媛県の肱川あらし（ニュースキーワード24、131ページ）が有名です。

▬ 建物により発生するビル風

ビルなどの大規模な建造物の間で吹く風を「ビル風」とよびます。ビル風は、発達要因や構造で「吹きおろし」や「吹き上げ」など、いくつかの種類に分けられます。ビル風の強さや時間・空間的な広がりは、建物の形状や配置、周辺の状況によって異なりとても複雑です。近年の数値シミュレーションを用いた研究により、その複雑なビル風の構造がよくわかってきました（図2）。

▶**図1** 日本における局地風の分布。名前と風の向き。

▶**図2**　ビル風のシミュレーションの一例。サイバネットシステム（株）提供。

【**参考文献**】　日本風工学会「瞬間風速と人や街の様子との関係」https://www.jawe.jp/ja/gust.html
　　Kusaka, H. and H. Fudeyasu, Review of downslope windstorms in Japan, Wind and Structures, vol. 24, no. 6, 2017, pp. 637–656.
　　吉野正敏『新版小気候』地人書館、1986年、298ページ
　　日下博幸・西暁史「日本の局地風」『日本風工学研究会誌』第37巻3号、2012年、164–171ページ

6.2── 激しい雨の正体は?
── 集中豪雨・ゲリラ豪雨

■ 激しい雨ってどんな雨?

気象庁の用語では、1時間に降る雨の量「時間雨量」が30mm以上50mm未満の雨を「激しい雨」といいます。といわれてもイメージがわかない方が多いと思います。我々が受けるイメージとしては、バケツをひっくり返したように降る雨で、外出すると、傘をさしていても濡れてしまうような雨です。

時間雨量が50mm以上80mm未満の雨を「非常に激しい雨」、それ以上の雨を「猛烈な雨」とよびます。猛烈な雨になると、息苦しくなるような圧迫感・恐怖感を抱き、傘はまったく役に立たなくなります。

■ 積乱雲はどのように雨を降らせるのか?

積乱雲が発生するためには、少なくとも以下の3つの条件がそろわなければなりません。

1. 地面付近に、温度が高く湿った空気があること
2. 地面付近の空気を上空へ運ぶ流れがあること
3. 上空の空気の温度が、地面付近から運ばれてきた空気の温度よりも低いこと

地面付近の湿った空気が上空で冷やされることによって、空気中の水分が凝結して、積乱雲が発生し、雨を降らせます。上空へ運ばれる空気の温度が高く非常に湿っていることと、上空の空気が非常に冷たいことが、大量の雨粒を凝結させ、激しい雨となるために必要です。そのため、地面付近の温度が高く、じめじめと

して湿度が高い日が多くなる初夏から初秋にかけて、激しい雨は
降ります。

■ ある場所で災害が起こるほど雨量が多くなるには

　激しい雨をもたらす積乱雲が発生したとしても、それがすぐに
災害を引き起こすとは限りません。ある場所の雨量が災害級にな
るには、積乱雲が激しい雨を降らせる能力を持つだけでなく、そ
の場所にとどまる必要があります。以下に、激しい雨をもたらす
積乱雲が災害を引き起こす例を説明します。

■ 単一の積乱雲がもたらす激しい雨
── 局地的大雨（ゲリラ豪雨）

　時間雨量120mmを降らせる能力を持つ積乱雲が10kmの広がり
を持っていた場合、時速60kmで移動すれば、ある場所には20mm
の雨が降ることになりますが、時速10kmで移動すれば、その場所
には120mmもの雨が降ることになります（図）。単一の積乱雲が
災害級の雨量をもたらすには、激しい雨を降らせる能力を持ち、
ゆっくりと移動することが必要となります。

　このような積乱雲は、積乱雲が発生する条件が整った夏季の風の
弱い日の午後に出現しやすく、このような積乱雲から降る雨は、
非常に狭い範囲に大雨をもたらすことから「局地的大雨」とよば
れています。局地的大雨は予測が難しく、突如として発生するの
で、マスメディアなどでは「ゲリラ豪雨」と表現されることもあ
ります。

■ 複数の積乱雲がもたらす激しい雨 ── 集中豪雨

　先述の例と同様の積乱雲が時速30kmで移動した場合、その積

乱雲がある地点を通過するときにもたらす雨量は40mmとなります。このような積乱雲が1つしかない場合は、災害級の雨量とはなりません。しかし、このような積乱雲が3時間に6つ、ある地点を通過すると、240mmという災害級の雨量に達します。単一の積乱雲では災害級の雨量をもたらさなくても、複数の積乱雲がある地点を次々と通過することによって、災害級の雨量がもたらされるのです。

このような状況は、地表付近に暖かく湿った空気が大量にあり、それが上空へと持ち上げられ積乱雲が次々と発生する、梅雨前線の近傍でしばしば出現します。複数の積乱雲が広い範囲に雨を降らせるなかで、ある地点に集中的に激しい雨をもたらし災害を引き起こすことから「集中豪雨」とよばれています。

現在の気象予測では、梅雨前線近傍の積乱雲の発生予測はある程度できているのですが、複数の積乱雲がある地点を集中的に通過するかどうかの予測が難しく（少しでも個々の積乱雲の移動方向がずれると雨量が集中しないため）、正確な雨量を予測するには至っていません。

局地的大雨や集中豪雨といった激しい雨は、現在の予測技術では直前にならないと事態の把握が難しいので、気象庁や民間気象会社が発表している気象情報をこまめに収集し、早めに避難行動を起こすことが大切です。

【参考文献】　気象庁「気象予報等で用いる用語（降水）」https://www.jma.go.jp/jma/kishou/know/yougo_hp/kousui.html

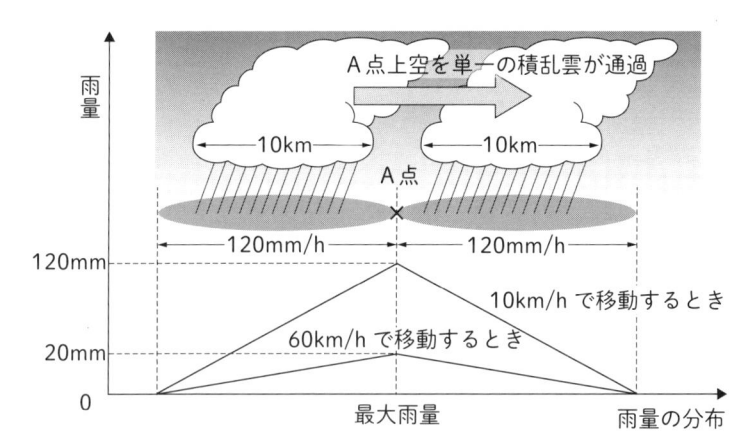

▶**図** 激しい雨を降らせる能力を持つ積乱雲が、異なる移動速度を持つときに、A点に降らせる雨量。

6.3——積乱雲がもたらす激しい現象
——突風・雷・雹

■■ 積乱雲の中では何が起こっているか?

　積乱雲がもたらす激しい現象は、前節で紹介した「激しい雨」だけではありません。もくもくとそびえ立つ積乱雲の中では、雨や氷晶・霰が形成されて地面に届くまでの間に、外からではうかがい知ることのできないさまざまなことが起こっています。

　雨などの形成や落下は周りの空気に影響を与え、そのことが突風を引き起こします。氷晶と霰がこすれることによって静電気が生まれ、雷を発生させます。霰が落下したり上昇することによって解けたり凍ったり引っついたりすることで大きくなり、雹が降ってきます。

■■ 局所的に甚大な被害をもたらす竜巻

　積乱雲がもたらす突風の代表的なものとして竜巻があります。気象庁のまとめによると、陸上では2017年までの10年間で、1年あたり23件の竜巻発生が確認されています。竜巻の発生には、少なくとも以下の条件がそろう必要があります（図1）。

1. 地面付近に、竜巻の渦より大きな、ゆっくりと回転する渦（竜巻のタネ渦）があること
2. 渦の上に、強い上昇流を伴った積乱雲が発達すること
3. 積乱雲の上昇流が持続的に、地面付近の渦の周りの空気を集め上空へ運ぶこと

　このような条件がそろうと、地面付近にもともとあった、竜巻のタネである渦が上昇流の真下に向かって集まっていき、鉛直方向に引き伸ばされて渦の直径が小さくなります。すると、フィギュ

アスケーターがスピンのときに腕を縮めると回転速度が上がるように、渦の回転速度が上がって竜巻となります。積乱雲の上昇流が強ければ強いほど、また、地面付近の竜巻のタネ渦の回転速度が速ければ速いほど、発生する竜巻の渦は激しくなります。

積乱雲の上昇流が強くなるためのひとつの要因として、雲の中で大量の水蒸気が凝結して雨粒になることが挙げられます。水は蒸発するときに周りから熱を奪いますが、凝結するときは周りに熱を与えます。そのため、雲の中で雨粒がたくさんできると、雲の中の空気があたたまることで、上昇流が強くなります。

地面付近の竜巻のタネ渦については、どのようにして発生するのかわかっていないことが多く、現在でも研究が進められています。

■ 屋外作業中にピンポイントで人命を脅かす雷

落雷は、停電や火災を引き起こすだけでなく、人に直撃すれば命の保障はありません。気象庁のまとめによると、2017年までの12年間で1540件の被害が報告されています。

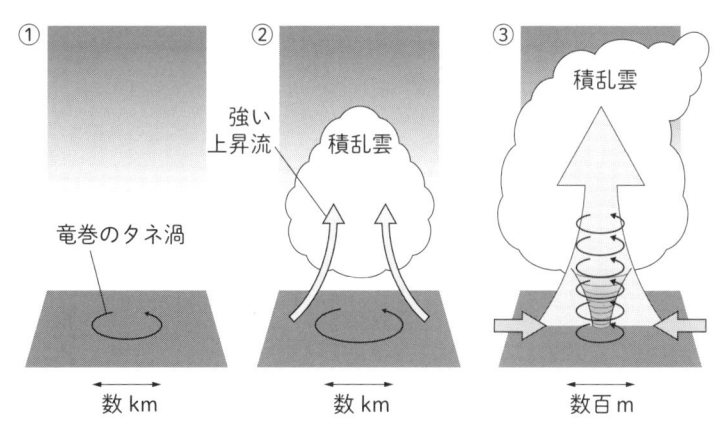

▶**図1** 竜巻発生の条件。

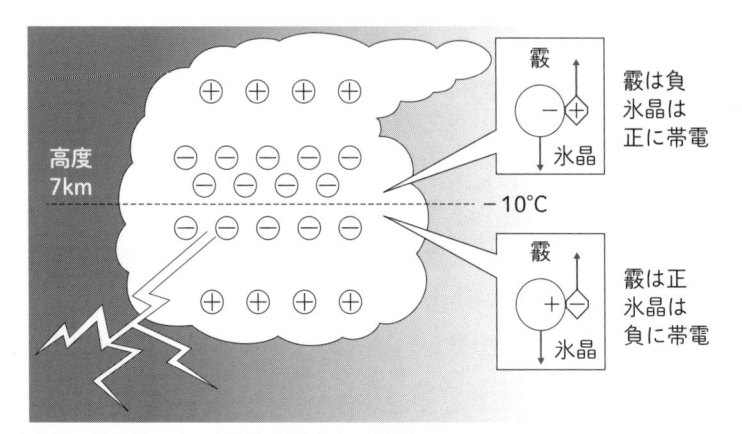

▶**図2** 積乱雲の中で静電気が生まれる仕組み。

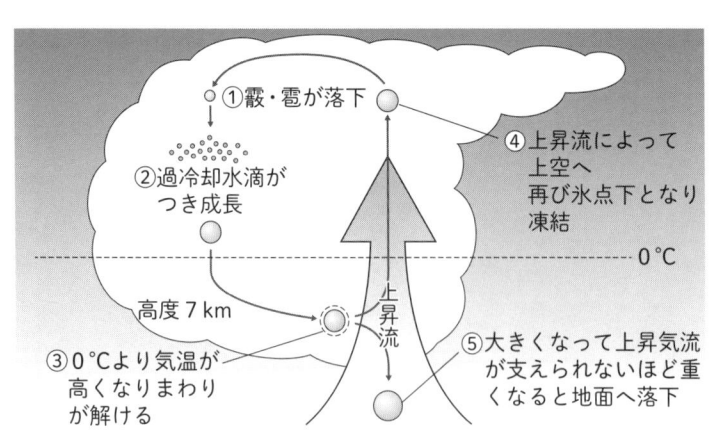

▶**図3** 積乱雲の中で雹が成長する仕組み。

　落雷が発生するには、普段は電気を通さない空気が電気を通すようになるほど、積乱雲の中に静電気がたまりつづける必要があります。積乱雲の中で静電気がたまる基本的な仕組みは、氷晶と霰がこすれることによって生じる静電気なのですが、その詳細な仕組みについては、研究者の間でもいまだに意見が分かれています。現在有力視されているのは高橋劭博士が提唱した説（Takahashi 1978）で、氷晶と霰は−10℃を境に、こすれたときに帯びる電気の正負が逆転し、−10℃より高い温度では氷晶は負、霰は正に帯電するというものです。−10℃より低い温度では逆に帯電します。

　図2に、雲の中で静電気が生まれる様子を示します。雲の中は上空にいくほど気温が低くなっており、夏季は上空7kmで−10℃程度です。そのため夏季でも、凝結してできた雲粒や雨粒は上昇流によって上空へ運ばれて凍結し、氷晶や霰が形成されます。雲の中では高度約7kmより下では−10℃より暖かく、落下してきた重い霰と上昇流によって上へ運ばれる氷晶がこすれて、霰による正の静電気がたまります。高度7kmより上では霰は負、氷晶は正に帯電し、高度7kmより下から上昇してきた負の氷晶と相まって、大きな負の静電気がたまっています。霰は重く、上昇流によって雲の上部まで運ばれることは稀ですが、氷晶は軽く、雲の上部まで運ばれるため、雲の上部では運ばれてきた正に帯電した氷晶により正の静電気がたまっています。雲の中の大きな負の静電気がたまっている場所から雷はだいたい落ちてきます。

■ 農作物に多大な損害をもたらす雹

　雹の身近な被害としては、車などにへこみをつくったりすることがありますが、もっとも深刻な被害となるのが農作物です。農林水産省のまとめによると、2015年8月1〜2日に北関東を中心に

発生した降雹による被害の見込額は22億円にものぼっています。

　雹は霰が大きく成長したもので、気象庁では直径が5mm以上のものを雹と定義しています。大きいものでは、1917年に埼玉県で29.5cmの雹が降ったという記録が残っています。積乱雲の中で雹が大きく成長するには、重くなった雹でも上空へ運ぶことができる非常に強い上昇流の存在と、雲の中の空気の流れが関係します。

　図3に雹が生成される過程を示します。雷の項目でも述べましたが、雲の中は上空へいくほど気温が低く、夏でもマイナスの気温となっているため、上空には霰が存在しています。水はゆっくり冷やすとマイナスの気温となっても凍結せず、「過冷却」という状態で液体として存在できます。雲粒や雨粒が上空へ運ばれてくるときは過冷却の状態で存在できますが、それが上空に存在していた霰と衝突した瞬間に凍結し、霰はより大きくなります。

　この過程が繰り返されることで雹へと成長するのですが、それだけでは大きく成長はできません。雹へと成長した霰は、非常に強い上昇流によって、雲のてっぺんまで運ばれますが、雲のてっぺんには上昇流がないため、落下を始めます。雲の下のほうまで落下してくると、雲の中の気温が高くなり、雹の周りが融けてきます。その後、落下してきた雹が雲の中の強い上昇流の場所に再び出合うことで、上空へと運ばれ、霰から雹へと成長したときと同じように成長していきます。この過程を繰り返すことで、雹は成長していきます。そのため、降ってきた雹を輪切りにしてみると、その中には木の年輪のような跡が見られます（図4）。この年輪は、雹が雲の中を上下に行ったり来たりした回数を示すものです。

　積乱雲がもたらす激しい現象が起こりそうなときは、気象庁から雷注意報が発表されます。雷注意報に気づいたときには、雷だ

けでなく突風や降電にも注意が必要です。

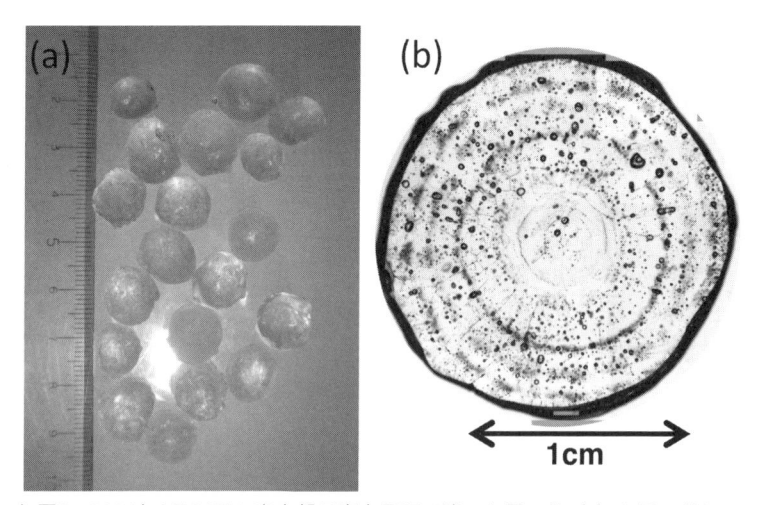

▶**図4**　2014年6月24日に東京都三鷹市周辺で降った雹の粒（a）と雹の輪切り
（薄片、b）。出世（2014）の図2を改変。

【参考文献】　気象庁「竜巻等突風データベース」https://www.data.jma.go.jp/obd/stats/data/
bosai/tornado/stats/annually.html

気象庁「落雷害の月別件数」https://www.jma.go.jp/jma/kishou/know/toppuu/thunder1-4.html

Takahashi, T., Riming electrification as a charge generation mechanism in thunderstorms, Journal
of the Atmospheric Sciences, vol. 35, 1978, pp. 1536–1548.

農林水産省「作物統計調査 平成10年以降の災害種類別の主な農作物被害 主な降ひょう等による農作
物被害概況」http://www.maff.go.jp/j/tokei/kouhyou/sakumotu/higai/index.html

気象庁「気象予報等で用いる用語 降水」https://www.jma.go.jp/jma/kishou/know/yougo_hp/
kousui.html

熊谷地方気象台「かぼちゃの大きさの 雹 について」https://www.jma-net.go.jp/kumagaya/kikou/
hyou.html

出世ゆかり「平成26年6月24日東京都における降電」『防災科研ニュース "秋"』第186号、2014、2-3

6.4──激しい低気圧の正体は?

■ 低気圧って何だろう?

　天気予報では、「高気圧」や「低気圧」というワードがたびたび登場します。天気図を見てみると、等圧線、つまり同じ気圧の場所を線でつないだものが、ほぼ円形になっているところがあります（図1）。その円の中心に向かうほど気圧が高くなれば高気圧、低くなれば低気圧です。

　風は高気圧や低気圧を中心にして、ぐるぐると回るように吹いています。北半球では、高気圧は時計回り、低気圧は反時計回りです。そして一般的に、低気圧の周辺では雲が発生しやすく、反対に高気圧では雲が発生しにくくなります。低気圧が近づいてくると、天気がくずれるのはそのためです。

■ 日々の天気を決める低気圧「温帯低気圧」

　低気圧は、発生・発達のメカニズムやその構造の違いにより、いくつか種類があります。日本に住んでいる我々が頻繁に耳にする「温帯低気圧」もそのひとつです（図1の日本の東海上や北海道の北西にある低気圧）。温帯低気圧は、北からの冷たい空気「寒気」と、南からの暖かい空気「暖気」がぶつかるところで、南北の温度差をエネルギーにして発生・発達します。

　しばしば、温帯低気圧の周りには、「温暖前線」や「寒冷前線」、「停滞前線」や「閉塞前線」という前線が発生します。これらの前線の周りでも雲が発生します。温帯低気圧や前線は通常、偏西風に乗って西から東へ進むため、日本列島は西から東という順番に広い範囲で天気がくずれます。

■■■ 夏に襲ってくる脅威の低気圧「台風」

台風はおもに積乱雲の集まりです。発達した台風の中心では、雲が発生していない「台風の眼」がしばしば確認できます。天気図を見ると（図1の沖縄付近にある低気圧）、まるで木の年輪のように、等圧線が何本も同心円を描いているのが台風です。

暖かい南の海が台風のふるさとです。この暖かい海の上には大量の水蒸気があり、水蒸気が上昇して凝結すると熱を放出します。すると、さらに上昇気流が強まり、積乱雲が活発に発生します。そして、中心付近の気圧がどんどん下がると熱帯低気圧となります。熱帯低気圧が発達して中心付近の最大風速が17m/s以上になると、気象庁は「台風発生」として警戒をよびかけます。

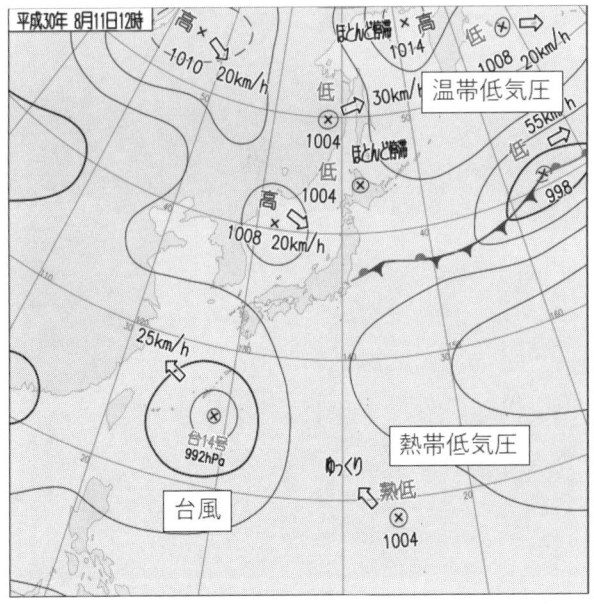

▶**図1** 2018（平成30）年8月11日の地上天気図。

■ 冬に大雪をもたらす低気圧「南岸低気圧」と「爆弾低気圧」

　冬季にも、強い低気圧がしばしば日本を襲ってきます。日本列島の南岸を発達しながら西から東に進んでくる温帯低気圧を、「南岸低気圧」とよびます（ニュースキーワード8、48ページ）。南岸低気圧は通過する地域に北側から強い寒気を引きこむため、太平洋側に大雪をもたらすことがあります。首都圏に雪をもたらし、都市機能がストップするときは、ほとんどがこの南岸低気圧のしわざです（図2）。

　一方、冬〜早春の日本海や日本の東海上で急速に発達する温帯低気圧を「爆弾低気圧」とよぶことがあります。気象庁は、緯度によって違いますが、中心気圧が1日でおよそ24hPa低下する温帯低気圧を爆弾低気圧と定義しています。しかし今日では、「爆弾」という用語が不適切であるという理由で、「急速に発達する低気圧」と表現しています。

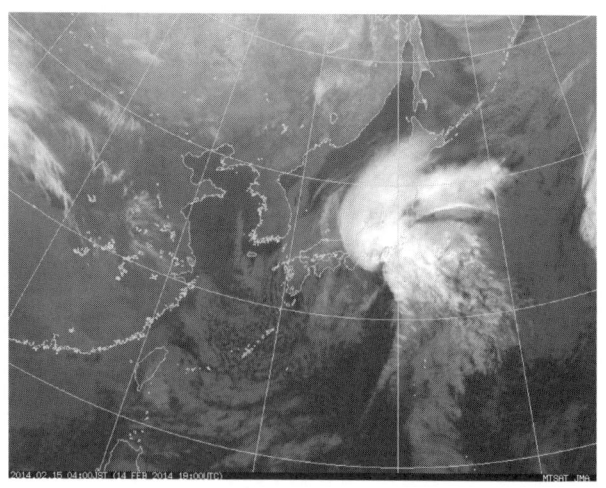

▶**図2**　南岸低気圧の衛星雲画像。2014（平成26）年2月15日。

ニュースキーワード **39**

線状降水帯（バックビルディング）

　集中豪雨による災害がニュースにとりあげられるとき、しばしば用いられる言葉として、線状降水帯とバックビルディングがあります。6.2節（236ページ）で集中豪雨は複数の積乱雲によってもたらされることを紹介しましたが、線状降水帯は、激しい雨をもたらす積乱雲が次々と同じ場所で発生し、同一方向に移動して同じところに大量の雨を降らせるために、激しい雨の降る範囲が線状に広がることからその名がついています。

　雨を降らせる積乱雲の立場からすると、発達した積乱雲の背後に次々と新しい積乱雲が発生していくことから、バックビルディングとよばれています。一部の解説で、「風上（後方）の積乱雲が、ビルが林立するように並んで見えること」といわれていますがそれは間違いで、積乱雲の背後（バック）に発生（ビルディング）というのが語源です。

　バックビルディングによる線状降水帯は、地面付近にある暖かく湿った空気と冷たい空気の境目から発生します。このような状況は梅雨前線の南側でしばしばみられます。暖かく湿った空気から冷たい空気に向かって風が吹くと、暖かく湿った空気は冷たい空気よりも軽いので、持ち上げられて上昇流が発生し、積乱雲が発達します。

　積乱雲が雨を降らせると下降流が生じ、それが地面にぶつかって積乱雲の前後に広がります。積乱雲の後方では、積乱雲に向かう暖かく湿った空気の流れがあるので、積乱雲の下降流がつくる流れとぶつかって、積乱雲の背後に上昇流ができ、新しい積乱雲

が発生します。

　この過程が繰り返されることで、同じ場所で次々と積乱雲が発生し、同一方向に移動して線状降水帯をつくります。このように、バックビルディングによって線状降水帯が形成されるメカニズムはおおよそわかっているのですが、暖かく湿った空気と冷たい空気の境目のどこから積乱雲が発生し始めるのか、積乱雲が発生する場所がどのくらい停滞するのか、ということは予測が難しく、いまでも研究が盛んに行なわれています。

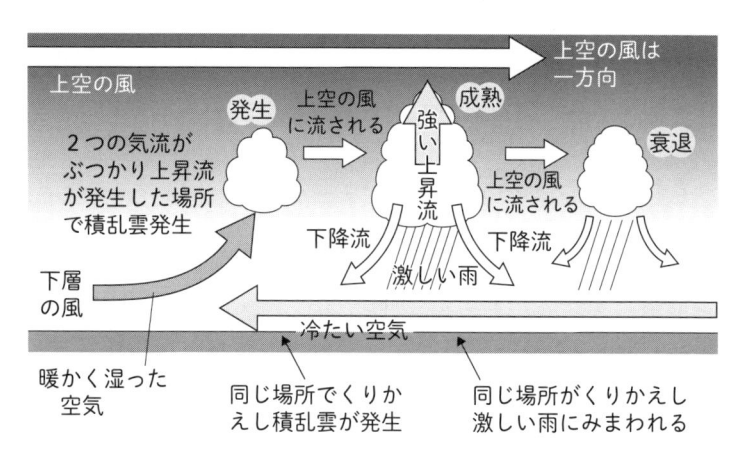

▶**図**　バックビルディングによる降水の様子。

ニュースキーワード **40**

大気不安定

　天気予報などで「明日は上空に寒気が入るため、大気が不安定
となり、突然の雨や雷、突風に注意が必要です」というフレーズ
をよく耳にすると思います。6.2節（236ページ）で積乱雲が発生す
る条件について説明しましたが、そのうちの3番目「上空の空気の
温度が、地面付近から運ばれてきた空気の温度よりも低いこと」
が大気不安定とよばれる状態です。このような状態になると、運
ばれてきた空気は周りの空気より軽いので、浮力を得てさらに上
昇して積乱雲が発達することになります。

　6.3節（240ページ）で、上空へ行くほど空気は冷たく、夏でも
高度7km付近で−10℃と説明しました。夏の地上の気温は30℃を
超えますから、温度差だけ考えると、夏は毎日大気が不安定では
ないかと思ってしまいます。大気不安定を考えるうえで大切なの
は、上空の空気の温度と比較するのは、地面付近から上空へ運ば
れてきた空気であるということです。

　地面付近から上空へ空気を運ぶと、上空は気圧が低いので、地
面付近の空気は運ばれる途中でどんどん膨張していきます。空気
は膨張すると気温が下がり、雲の中では高度が1km上がるごとに
6℃程度気温が下がります。そのため、地上で30℃あった空気を
高度7kmまで運ぶと−12℃となります。

　通常の周りの空気は−10℃ですから、上空の空気の温度が地面
付近から運ばれてきた空気の温度よりも高くなり、大気は安定と
なりますが、上空に寒気が入り、高度7kmで−15℃となった場合
は、上空の空気の温度が地面付近から運ばれてきた空気の温度よ

りも低くなるので、大気は不安定となるのです。

　このように大気が不安定となるには、上空に寒気が入ること、または、地上の気温が高くなることが必要なのです。

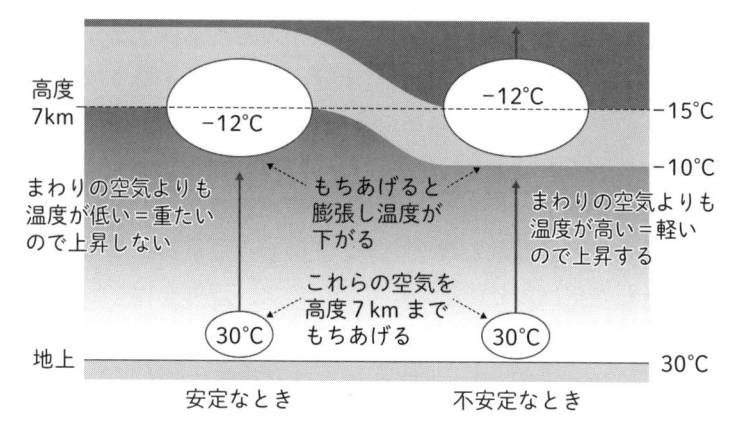

▶**図**　大気の安定と不安定の模式図。

ニュースキーワード **41**

スーパーセル

　突風や雹による被害がニュースに取り上げられるとき、「スーパーセル」という言葉が解説で用いられることがよくあります。なんだかカッコいい言葉の響きのスーパーセルですが、非常に危険な積乱雲を指す言葉です。スーパーセルは、普通は1時間である積乱雲の寿命よりも非常に長寿命（10時間を超えるものもある）であり、雲の中に渦を伴う非常に強い上昇流を持っています。6.3節で触れたように、積乱雲がもたらす激しい現象において大きな役割を果たしていたのは、積乱雲の中の上昇流でした。そのため、スーパーセルは突風や雹をしばしばもたらす、非常に危険な積乱雲なのです。

　スーパーセルの上昇流が強くなる要因はいくつかあるのですが、そのうちのひとつはスーパーセルの特殊な構造と関係しています。通常の積乱雲は、上昇流によって雲粒が生じ雨粒となって落下するとき、上昇流と同じ場所を落下していくので、雨粒が周りの空気を引きずりおろして落下していくときの下降流により上昇流が弱められ、ついには下降流が支配的となり、雲は消滅していきます。この時間が積乱雲の寿命で、1時間程度です。

　図にスーパーセルの構造を示します。地面付近の風向と上空（高度3〜10km）の風向が90〜180度ずれているので、上昇流域で雨粒が形成されたあとに上空の風に流されて落下するため、上昇流と下降流の位置が分かれます。そのため、上昇流が弱められることなく強くなり、積乱雲自体の寿命も長くなります。

　スーパーセルは雲の中に渦があることも特徴的です。図のように地面付近の風向と上空の風向が90〜180度ずれている場合、水

平方向に軸を持った渦が地面と積乱雲の間に生成されます。この水平方向に寝ている渦が上昇流によって鉛直方向（水平面に対し垂直の方向）へ傾けられることにより、鉛直方向に軸を持った渦がつくり出されます。この渦のことをメソサイクロンとよびます。

　スーパーセルのメソサイクロンが直接竜巻を引き起こすわけではありませんが、雲の中の高度1kmにメソサイクロンが存在していた場合、約40％の確率で竜巻を引き起こすという、アメリカの統計的な研究があり（Trapp *et al.* 2005）、この渦を気象レーダーで監視することで竜巻の予測・監視をする取り組みが行なわれています。

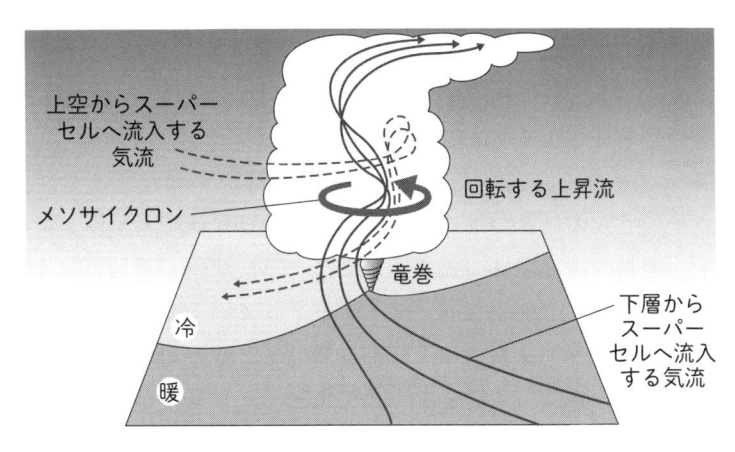

▶**図**　スーパーセルの気流構造。

【**参考文献**】　Trapp, R. J., G. J. Stumpf, and K. L. Manross, A reassessment of the percentage of tornadic mesocyclones, Weather and Forecasting, vol. 20, 2005, pp. 680–687.

ニュースキーワード 42
ダウンバースト

　夏に局地的大雨によるゲリラ豪雨がニュースとしてとりあげられることがしばしばありますが、その際に突風を伴い、傘が役に立たなくなっている映像をご覧になったことがあるかもしれません。この突風は「ダウンバースト」とよばれるもので、激しい雨が降る際にその周りで被害をもたらします。

　6.3節（240ページ）では積乱雲がもたらす突風の例として竜巻をとりあげましたが、ダウンバーストも積乱雲がもたらす突風のひとつです。竜巻による被害は、渦による被害のため竜巻が通過した後にさまざまな方向に木が倒れたり壊れた住宅が飛散したりしますが、ダウンバーストによる被害は、同一の方向に木が倒れたり、壊れた住宅が飛散したりします。

　ダウンバーストは、大量の雨粒が一気に地上に降ってくる際に、雨粒の周りの空気も一緒に引きずりおろしてくるため強い下降流となり、その下降流が地面にぶつかることで、激しい雨が降る周囲に突風をもたらします。

　また、雲の下が乾燥している場合、雲の中から降ってきた雨粒が乾燥している空気の中を通過すると雨粒が蒸発します。水が蒸発すると、周りの空気を冷やすため、雲の下に周りより冷たい空気がどんどんたまっていきます。周りより冷たい空気は重いので、その空気が地上に落ちることにより下降流となり、地面とぶつかることで突風が発生します。そのため、激しい雨が降る直前から直後には空気がひんやりとします。

　積乱雲の下降流から生じるダウンバーストは、地上に被害をも

たらす突風ですが、航空機の離着陸の際に遭遇すると墜落の危険性が非常に高まるため（アメリカでは1970〜80年代に墜落事故が発生）、空港には大気の流れを観測できるレーダーなどが配備されています。

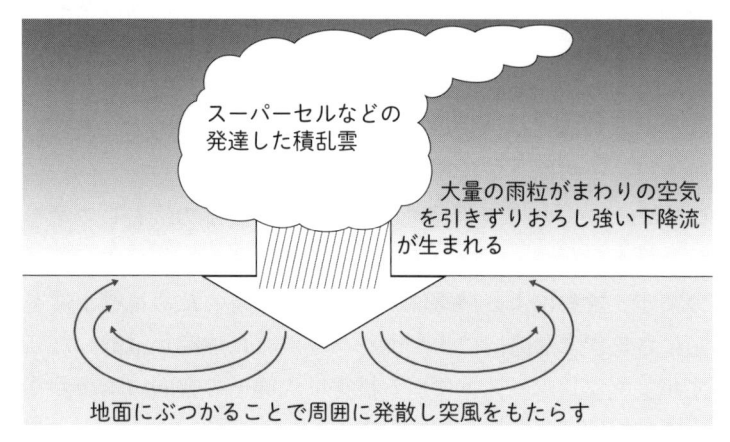

スーパーセルなどの
発達した積乱雲

大量の雨粒がまわりの空気
を引きずりおろし強い下降流
が生まれる

地面にぶつかることで周囲に発散し突風をもたらす

▶**図** ダウンバーストの模式図。

台風急速発達とRI台風

　台風がはるか南海上にあるとき、「台風が急速発達して勢力が強くなりました。警戒してください！」といったニュースを聞いたことがあるかもしれません。非常に強くなる台風のほぼすべてが、その生涯に少なくとも一度は「急速発達」（Rapid Intensification、以後RI）というプロセスを経験しています。つまり、RIを経験した「RI台風」は、防災上とりわけ警戒しなければならない台風です。

　RIとは、台風の強度が通常よりも早い割合で急激に発達する現象を指します。古くから知られているプロセスでしたが、近年になり、ようやくRIの発生メカニズムがわかってきました。

　約40年間の北西太平洋で発生した台風の統計をとると、台風の平均最大風速は1日で約5〜10 m/sの割合で発達します。その平均の約2倍である1日で15 m/s以上の割合で発達したときをRIと定義すると、全体の約20％がRI台風になります（Fudeyasu et al.2018）。平均的に見ると1年に5〜6個がRI台風となります（図）。

　RIの多くが、海面水温だけでなく、海面よりもさらに深い水深50〜100ｍまで海水温が高い海上で発生します。特にフィリピンの東海上はその条件に当てはまり、RIが発生しやすい海域です。その海域はまさに「魔の海域」です。RI台風の強度予報は難しいという研究もあります（Ito 2016）。

　図のRI台風の年間個数変化を見ると、多い年と少ない年が大きくばらついています。平均的に見ると、エルニーニョの年のほうが、ラニーニャの年より約2倍もRI台風が多く、エルニーニョ年は

RI台風が起きやすいことを示しています。興味深いのは、2000年代に入ってRI台風の発生数が増えていることです。RI台風の増加は地球温暖化の影響ではと懸念されていますが、まだよくわかっていません。

　また、2015年は台風が特殊なふるまいをした年でした。1月から12月まで毎月台風が発生したのは1951年の統計開始以来初めてだったのですが、加えて、27個発生したうちの12個がRI台風という、過去最大の発生数でした。台風による被害も各地で起き、台風17号と18号により鬼怒川の氾濫が起きた「平成27年9月関東・東北豪雨」もこの年です。RI台風の今年の傾向は？ ……注目です。

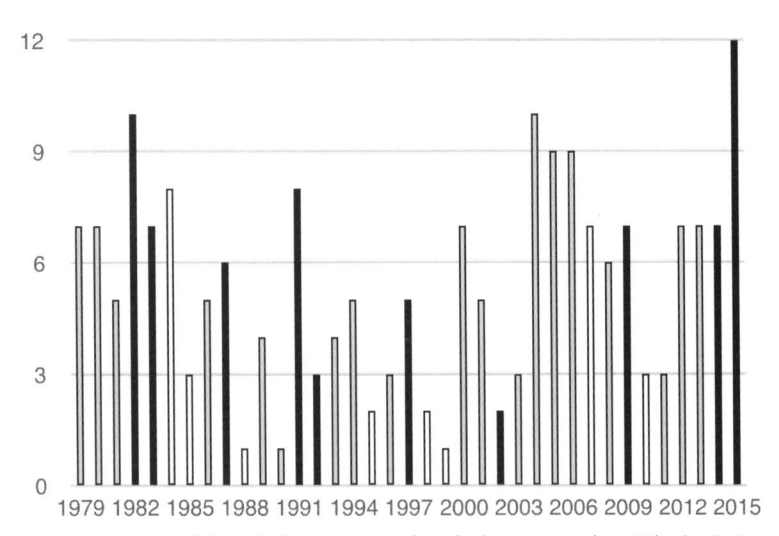

▶図　RI台風の年変化。黒がエルニーニョ年、白がラニーニャ年、灰色がどちらでもない年。

【引 用 文 献】　Ito, K., Errors in tropical cyclone intensity forecast by RSMC Tokyo and statistical correction using environmental parameters, SOLA, vol. 12, 2016, pp. 247–252.
　Fudeyasu H., K. Ito, and Y. Miyamoto, Characteristics of tropical cyclone rapid intensification over the Western North Pacific, Journal of Climate, vol. 24, 2018, pp. 8917–8930.

ニュースキーワード **44**

温帯低気圧化

　台風一過の空に流れてくるニュース「台風は日本海上で温帯低気圧に変わりました」。台風が中緯度帯まで北上すると、気温や海面の水温は下がり、上空には偏西風が存在します。台風の発達に不都合なこのような環境では、台風は「台風の構造」を維持できなくなります。そして、渦の構造自体が消滅するか、または前線を持つような温帯低気圧の構造に変化します。後者を指して「温帯低気圧化」または略して「温低化」とよびます。

　温帯低気圧化は、厳密には、台風という構造から温帯低気圧の構造に変質するまでの期間を指し、温帯低気圧化の開始、温帯低気圧化中、温帯低気圧化の完了と分けられます。統計的な研究（Kitabatake 2011）では、北西太平洋で発生した台風のうち、約半分が温帯低気圧化すると指摘しています。特に秋と春の台風に温帯低気圧化する傾向が見られ、夏の台風は温帯低気圧化しにくいことがわかりました。

　温帯低気圧化した元台風は、その後は通常の温帯低気圧と同じようにふるまいます。特筆したいのは、台風ではなくなったとしても、その危険がなくなったわけではないということです。事例によっては、台風としては弱まった後に、再び発達して、防災上警戒すべき猛烈な低気圧になることもあります。たとえば2018年の台風19号は、温帯低気圧に変わった後でも990hPaを下回る中心気圧に達して北海道に猛威をふるいました。まさに「腐っても台（鯛）」！

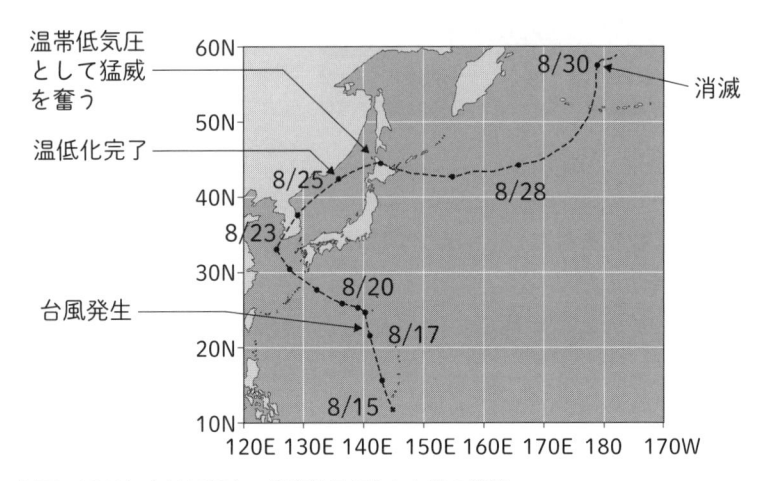

▶**図** 2018年台風19号と、温帯低気圧化した後の進路。

【参考文献】 Kitabatake, N., Climatology of extratropical transition of tropical cyclones in the western North Pacific defined by using cyclone phase space, Journal of the Meteorological Society of Japan, vol. 89, 2011, pp. 209–325.

ニュースキーワード 45
台風とハリケーンの違い

テレビやインターネットから流れてくる、アメリカを襲うハリケーンのニュース。ハリケーンは台風と比べて何が違うのでしょうか？　大まかにいうと、発生する海域によってそれぞれ呼び名が違いますが、台風もハリケーンも、そしてインド洋や南太平洋のトロピカルストームやサイクロンも、すべて同じ熱帯低気圧です。

そもそも熱帯低気圧とは、熱帯や亜熱帯域で発生する低気圧の総称で、その強度が強いものが台風やハリケーンにランクアップします。そのランクアップは、それぞれの海域を監視している機関が定義を設けていて、それぞれ違っています（表）。

気象庁による台風の定義は、「北西太平洋に存在する熱帯低気圧のうち、低気圧域内の最大風速がおよそ17m/s以上の熱帯低気圧」です。北西太平洋は、赤道より北で、東経180度より西、マレー半島より東の海域です。南シナ海や日本海もこの北西太平洋に含まれます。

台風には、第1号のように、各年の発生順に番号がつけられます。番号に加えて、台風には動物や星座などの名前もつけられています。東アジアの13ヶ国とアメリカが加盟する政府間組織「台風委員会」が、各国から提案された名前を集めて、全部で140個の台風名をリストに登録しています。台風が発生すると、リストから順番に名前がつけられるので、次の台風の名前はすでに決まっています。日本からは「コグマ」や「カンムリ」などの星座の名前が登録されています。台風は年間で約25個発生するので、およそ5〜6年で台風の名前が一巡することになります。以前の台風に

ついた名前がもう一度つけられることがあるのは、このためです。

　一方、北東太平洋と北大西洋の海域はアメリカが監視しており、その熱帯低気圧は、トロピカルディプレッション、トロピカルストーム、ハリケーンとよばれます。ハリケーンは、その最大風速の強さにより、カテゴリー1から5までランクアップしていきます。また、アメリカ台風警報センターは、1分平均最大風速が130ノット（1ノットは、1時間に1海里（1.852km）進む速さ）を超えた台風に、「スーパータイフーン」という呼び名を与えています。気象庁の観測は国際基準に合わせて10分間の平均最大風速を用いていることを加味すると、風速60m/s以上の台風がスーパータイフーンに相応します。

風速（m/s）	北西太平洋 （気象庁）	北大西洋 / 北東太平洋	北インド洋	南太平洋
0-17 m/s	熱帯低気圧	Tropical Depression	Depression	Tropical Depression
17-25 m/s	台風	Tropical Storm	Cyclonic Storm	Category 1 Tropical Cyclone
25-33 m/s			Severe Cyclonic Strom	Category 2 Tropical Cyclone
33-42 m/s	強い台風	Category 1 hurricane	Very Severe Cyclonic Storm	Category 3 Severe Tropical Cyclone
42-44 m/s		Category 2 hurricane		
44-46 m/s	非常に強い台風			Category 4 Severe Tropical Cyclone
46-49 m/s				
49-54 m/s		Category 3 hurricane		
54-56 m/s	猛烈な台風			Category 5 Severe Tropical Cyclone
56-57 m/s				
57-61 m/s		Category 4 hurricane	Super Cyclonic Storm	
61-70 m/s				
70 m/s 以上		Category 5 hurricane		

注意　北大西洋／北東太平洋では、10分平均の風ではなく1分平均の風を用いている。

ニュースキーワード 46
藤田スケール

竜巻による災害が発生したとき、竜巻の強さのランクとしてしばしばニュースに登場するのが「藤田（F）スケール」という言葉です。Fスケールは、アメリカで活躍された藤田哲也博士によって作成され（Fujita 1971）、現在でも、アメリカや日本などにおいてFスケールをベースとした竜巻の強さのランクが用いられています。

竜巻は大きくても1kmほどの水平の広がりしか持たないため、竜巻の風の強さを直接測ることは非常に困難です。そのため、被害にあった樹木や建物の状況から、その強さを推定する方法をとったのがFスケールです。その後、Fスケールはさらなる竜巻の被害調査を反映した改良版藤田（EF）スケールとなり、現在はこのEFスケールがアメリカで用いられています。

日本でも、アメリカでつくられたFスケールは日本の家屋被害を正確にとらえることができていないという考えから、日本版改良藤田（JEF）スケールが策定され、2016年4月から気象庁で運用されています。以下に、JEFスケールのランクと風速の関係を紹介します。

表：日本版改良藤田スケールにおける階級と風速の関係。

階級	風速の範囲 （3秒平均）	主な被害の状況（参考）
JEF0	25〜38m/s	・木造の住宅において、目視でわかる程度の被害、飛散物による窓ガラスの損壊が発生する。比較的狭い範囲の屋根ふき材が浮き上がったり、はく離する。 ・園芸施設において、被覆材（ビニルなど）がはく離する。パイプハウスの鋼管が変形したり、倒壊する。 ・物置が移動したり、横転する。 ・自動販売機が横転する。 ・コンクリートブロック塀（鉄筋なし）の一部が損壊したり、大部分が倒壊する。 ・樹木の枝（直径2cm〜8cm）が折れたり、広葉樹（腐朽有り）の幹が折損する。
JEF1	39〜52m/s	・木造の住宅において、比較的広い範囲の屋根ふき材が浮き上がったり、はく離する。屋根の軒先又は野地板が破損したり、飛散する。 ・園芸施設において、多くの地域でプラスチックハウスの構造部材が変形したり、倒壊する。 ・軽自動車や普通自動車（コンパクトカー）が横転する。 ・通常走行中の鉄道車両が転覆する。 ・地上広告板の柱が傾斜したり、変形する。 ・道路交通標識の支柱が傾倒したり、倒壊する。 ・コンクリートブロック塀（鉄筋あり）が損壊したり、倒壊する。 ・樹木が根返りしたり、針葉樹の幹が折損する。

【参考文献】 Fujita, T. T., Proposed characterization of tornadoes and hurricanes by area and intensity, Satellite and Mesometeorology Research Project Report, the University of Chicago, vol. 91, 1971, pp. 1–42.

階級	風速の範囲 (3秒平均)	主な被害の状況（参考）
JEF2	53〜66m/s	・木造の住宅において、上部構造の変形に伴い壁が損傷（ゆがみ、ひび割れ等）する。また、小屋組の構成部材が損壊したり、飛散する。 ・鉄骨造倉庫において、屋根ふき材が浮き上がったり、飛散する。 ・普通自動車（ワンボックス）や大型自動車が横転する。 ・鉄筋コンクリート製の電柱が折損する。 ・カーポートの骨組が傾斜したり、倒壊する。 ・コンクリートブロック塀（控壁のあるもの）の大部分が倒壊する。 ・広葉樹の幹が折損する。 ・墓石の棹石が転倒したり、ずれたりする。
JEF3	67〜80m/s	・木造の住宅において、上部構造が著しく変形したり、倒壊する。 ・鉄骨系プレハブ住宅において、屋根の軒先又は野地板が破損したり飛散する、もしくは外壁材が変形したり、浮き上がる。 ・鉄筋コンクリート造の集合住宅において、風圧によってベランダ等の手すりが比較的広い範囲で変形する。 ・工場や倉庫の大規模な庇において、比較的狭い範囲で屋根ふき材がはく離したり、脱落する。 ・鉄骨造倉庫において、外壁材が浮き上がったり、飛散する。 ・アスファルトがはく離・飛散する。
JEF4	81〜94m/s	・工場や倉庫の大規模な庇において、比較的広い範囲で屋根ふき材がはく離したり、脱落する。
JEF5	95m/s〜	・鉄骨系プレハブ住宅や鉄骨造の倉庫において、上部構造が著しく変形したり、倒壊する。 ・鉄筋コンクリート造の集合住宅において、風圧によってベランダ等の手すりが著しく変形したり、脱落する。

気象庁ウェブサイトから転載（https://www.jma.go.jp/jma/kishou/know/toppuu/tornado1-2-2.html）

JPCZ（日本海寒帯気団収束帯）

　東北から山陰にかけての日本海側で大雪となり、車や電車が長時間にわたって立ち往生するニュースを数年に一度は耳にすると思います。そのニュースの解説で出てくるキーワードとしてJPCZ（Japan sea Polar air mass Convergence Zone：日本海寒帯気団収束帯）というものがあります。

　JPCZはその名の通り、冬の日本海で大陸から寒気が吹き出すときにできる、異なる向きの風がぶつかる帯状の領域を指します。異なる向きの風がぶつかるところでは上昇気流が生まれ、日本海上の寒気よりも相対的に暖かい海からもたらされる湿った空気が上昇することによって、海上で雪を降らせる積乱雲が発達します。海上で発達した積乱雲が次々と陸地に流れ込むことによって、日本海側の平野部で雪が降ることになります。

　ほとんど島などがない日本海の上で異なる向きの風が生じるのは、大陸からの寒気が日本海に吹き出す直前に、朝鮮半島の付け根にある山岳地帯を通過することが原因といわれています。朝鮮半島の付け根には標高が2500mを超える山がいくつもあり、大陸からの寒気はその山を越えることができず、山岳地帯をまわりこむように通過していきます。まわりこんだ風が山岳地帯よりも風下の日本海の上で再び合流することによって、日本まで届く、異なる向きの風がぶつかる帯状の領域となっているのです。

　JPCZは、寒気の吹き出しの風の向きによって、東北から山陰にかけて場所を変えながら存在しています。ニュースになるほどの大雪が降る場合、JPCZが半日程度の長い時間にわたってある

地域に停滞することによって、集中豪雨のように複数の積乱雲が
次々と雪を降らせます。

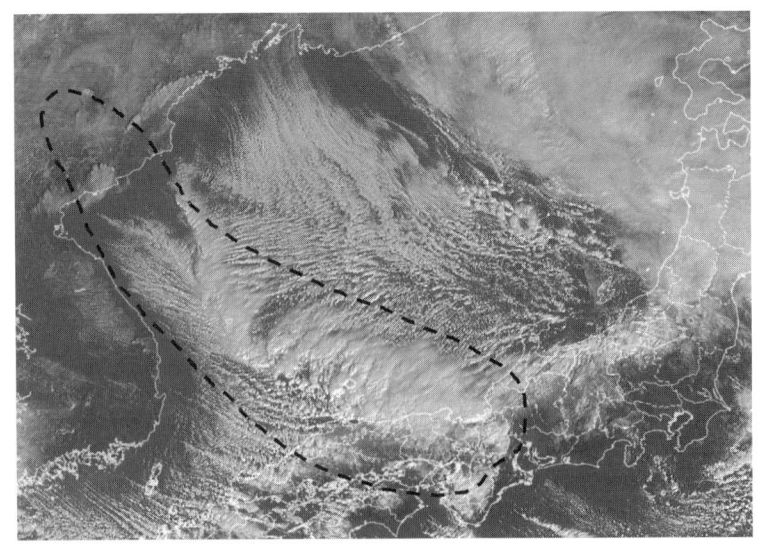

▶**図**　JPCZの影響で鳥取県を中心に大雪となった2017年2月10日10：00の気象
衛星ひまわりの可視画像。点線で囲まれた領域が、朝鮮半島の山岳地帯と、それ
に付随するJPCZによる積乱雲。衛星画像は、NICTサイエンスクラウドひまわ
り衛生データアーカイブ（https://sc-web.nict.go.jp/himawari/himawari-archive.
html）より取得。

リアルタイム被害予測「シーマップ」 筆保 弘徳

　2018年7月6日、私は関東地方の大学運営関係者が集まる会議にて、近年の気象災害や防災対策について講演をしていました。講演では、2017年から気象庁が実施している新しい防災気象情報を示し、大学運営においても重要な情報になると紹介していました。気象庁のウェブサイトで発表される防災気象情報では、警報級の洪水・浸水・土砂災害などが、数日先までに発生する可能性を地域ごとに随時提供しています。たとえば、3日後に通学路の地域に警報が出る可能性があるという情報を大学運営者が得られれば、学生や教員に避難や対策の指示を早い段階で行なえます。

　いつものように、インターネット上で現在発表されている防災気象情報を披露して講演を終わらせる予定でしたが、いつもとは違う、真っ赤な危険度分布を見て、私自身が目を疑いました。土砂災害や洪水の予測された危険度が、いままで見たことのないほど広域に広がっていたからです。「これは大変なことが起きる」「西日本の人たちに知らせてほしい」と、必死に聴衆によびかけました。

　6月末から北海道付近に停滞していた梅雨前線は、7月6日に九州地方まで南下、西日本から東海地方で大雨をもたらしました。そして7月6日17時に長崎・福岡・佐賀、19時には広島・岡山・鳥取、22時には京都・兵庫と、広範囲に大雨特別警報が発表されました。「平成30年7月豪雨（通称、西日本豪雨）」です。河川の氾濫や堤防の決壊による浸水、土砂災害が相次ぎ、全半壊・浸水家屋は5万棟を超え、死者・行方不明者数は200人を超えました。このような壊滅的な被害状況を見せられると、一気象学者としては身を裂かれる思いになります。

　平成30年7月豪雨の場合、数日前から、西日本地域に警報が出るまでの豪雨は予測されていました。このように、科学技術の向上により、予測の精度はかなり向上していますが、それでもなぜ、いまでも甚大な被害が出てしまうのでしょうか？　その答えのひとつは「避難行動に結びつける伝え方の難しさ」といわれています。「1時間に100㎜以上の豪雨」のように現象の数値を出した予測を伝えるだけでなく、防災気象情報のように警報が出る可能性や特別警報を伝えるだけでもなく、もっと自分の身に危険がせまっている思いにさせる、工夫した付加情報を伝えることが求められています。

　2019年6月、MS & AD インシュアランスグループのあいおいニッセイ同和損害保険株式会社、エーオンベンフィールドジャパン株式会社、私が所属している横浜国立大学の産学共同研究により、「cmap.dev（シーマップ）リアルタイム被害予測」というウェブサイト（https://cmap.dev）が立ち上がりました。大雨や暴風が起きているとき、台風襲来時、地震発生時、リアルタイムで市区町村別に被害が出る建物の棟数を予測して公開するシステムです。自分が住んでいる街で1000棟の建物が被害を受けるという身近な被害予測情報を聞くと、これまで逃げなかった人も我が身にふりかかる事態ととらえて避難行動を考えるのではないか……、そういった思いでリリースされました。

　さらに平常時でも、過去の災害事例での建物被害を確認できます。観測史上最大の犠牲者を出した1959年台風15号（通称、伊勢湾台風）をモデルにして、もしもいま、伊勢湾台風と同様の台風があなたの街に襲来してきた場合、どのくらい建物被害が出るのかを確認することができます。このように日頃から防災意識を高めておけば、いざ非常時に直面しても正しく避難行動ができるようになると期待しています。動くハザードマップ「シーマップ」、

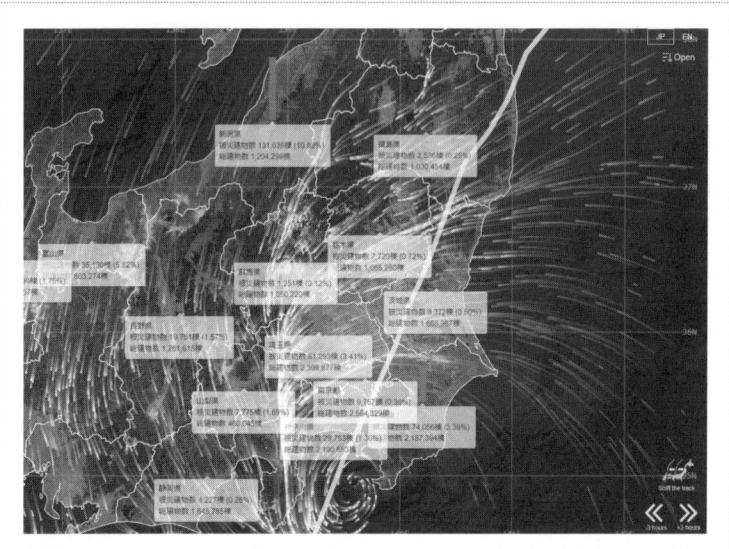

▶**図** cmap.devのウェブサイト（https://cmap.dev/）。伊勢湾台風と同様の台風が関東地方に来たときの被害予測の例。

ぜひご覧ください。

編著者

● **筆保 弘徳**（ふでやす ひろのり）

横浜国立大学教育学部 准教授
専門：台風・局地風。京都大学大学院理学研究科出身。博士（理学）。

● **山崎 哲**（やまざき あきら）

海洋研究開発機構（JAMSTEC）付加価値情報創生部門 アプリケーションラボ 研究員
専門：大気力学（特にブロッキング）。九州大学大学院地球惑星科学専攻出身。博士（理学）。

著 者

● **堀田 大介**（ほった だいすけ）

気象庁 気象研究所 気象観測研究部 主任研究官
専門：数値予報（特にデータ同化と力学過程）。米国メリーランド大学大学院出身。
Ph.D.（応用数学）。

● **釜江 陽一**（かまえ よういち）

筑波大学 生命環境系 助教
専門：気候変動・大気海洋相互作用。筑波大学大学院生命環境科学研究科出身。博士（理学）。
2014 年に日本気象学会山本賞を受賞。

● **大橋 唯太**（おおはし ゆきたか）

岡山理科大学 生物地球学部 生物地球学科 教授
専門：局地気象学・生気象学・都市気候学など。京都大学大学院理学研究科出身。博士（理学）。

● **中村 哲**（なかむら てつ）

北海道大学大学院 地球環境科学研究院 博士研究員
専門：気候力学・成層圏・北極の気候変動。東海大学連合大学院地球環境科学研究科出身。
博士（理学）。

● **吉田 龍二**（よしだ りゅうじ）

CIRES University of Colorado Boulder / NOAA Earth System Research Laboratory,
Research Scientist II
専門：メソ気象学・熱帯大気・数値モデル。京都大学大学院理学研究科出身。博士（理学）。

● **下瀬 健一**（しもせ けんいち）

防災科学技術研究所（NIED）水・土砂防災研究部門 特別研究員
専門：メソ気象学（特に、豪雨・竜巻など積乱雲に関係する現象）。九州大学大学院地球惑
星科学専攻出身。博士（理学）。

● **安成 哲平**（やすなり てっぺい）

北海道大学 北極域研究センター・国際連携研究教育局北極域研究グローバルステーション
（広域複合災害研究センター兼務）助教
専門：環境科学分野の主に気象・気候・雪氷・大気エアロゾル関連研究に従事。米国
NASA/GSFC にて 6 年ほど積雪汚染・気候モデル開発の研究を行ない、現在、特に森林火災
と大気汚染の研究を進めている。北海道大学大学院環境科学院出身。博士（環境科学）。平
成 31 年度科学技術分野の文部科学大臣表彰若手科学者賞受賞。

● ── カバー・本文デザイン　　福田 和雄（fukuda design）
● ── DTP　　　　　　　　　清水 康広（WAVE）
● ── 校正　　　　　　　　　曽根 信寿
● ── 図版　　　　　　　　　藤立 育弘

ニュース・天気予報がよくわかる気象キーワード事典

2019 年 10 月 25 日　　初版発行

著者	筆保 弘徳・山崎 哲 堀田 大介・釜江 陽一・大橋 唯太・中村 哲 吉田 龍二・下瀬 健一・安成 哲平
発行者	内田 真介
発行・発売	ベレ出版 〒162-0832　東京都新宿区岩戸町12 レベッカビル TEL.03-5225-4790 FAX.03-5225-4795 ホームページ　http://www.beret.co.jp/
印刷	株式会社 文昇堂
製本	根本製本 株式会社

ISBN 978-4-86064-591-5 C0044　　　　　　　　　　編集担当　永瀬 敏章

天気と気象について
わかっていることいないこと

筆保弘徳／芳村圭／稲津將／吉野純／加藤輝之／茂木耕作／三好建正 著

四六並製／本体価格 1700 円（税別）■ 280 頁
ISBN978-4-86064-351-5 C0044

「天気予報が当たらない」って思っている人、いませんか？　これだけ科学が発展しているのに、なぜ当たらないのだろうと、疑問に感じている人は、ぜひ本書をお読みください。本書は、気象学の分野で注目されている 7 つのトピックをとりあげ、それぞれの基本的なしくみや概念を解説し、最新の研究（気象学のフロンティア）を紹介します。気象学の最前線で活躍する研究者たちが、気象のおもしろさ、不思議さをお伝えします。ようこそ、空の研究室へ。

異常気象と気候変動について
わかっていることいないこと

筆保弘徳／川瀬宏明／梶川義幸／高谷康太郎／堀正岳／竹村俊彦／竹下秀 著

四六並製／本体価格 1700 円（税別）■ 272 頁
ISBN978-4-86064-415-4 C0044

毎日のようにニュースに出てくる異常気象や気候変動の話題。気象学は異常気象や気候変動について、どこまでわかっているのでしょうか。日本の天気を見ているだけではわからないことも、地球規模に視野を広げていくと見えてくるものがあるのです。本書は、異常気象や気候変動の基本的なしくみを説明し、最新の研究を紹介。気象学の最前線で活躍する研究者たちが、地球規模でリンクする異常気象と国境なき気候変動について解説します！

天気と海の関係について
わかっていることいないこと

筆保弘徳／杉本周作／万田敦昌／和田章義／小田僚子／猪上淳／飯塚聡／川合義美／吉岡真由美 著

四六並製／本体価格 1800 円（税別）■ 336 頁
ISBN978-4-86064-473-4 C0044

海が気象に影響を与えていることが少しずつわかってきました。南米沿岸の海面水温がいつもより高くなるエルニーニョは、日本に冷夏や暖冬をもたらすと考えられています。日本近海に目をうつしても、台風や梅雨前線の発達には海の存在が大きなカギを握っていますし、東京湾のような小さな海も内陸部の気象を左右します。このように海と気象は切っても切れない関係です。最前線で活躍する研究者たちが、海と気象の関係について迫ります。

台風について
わかっていることいないこと

筆保弘徳／山田広幸／宮本佳明／伊藤耕介／山口宗彦／金田幸恵 著

四六並製／本体価格 1700 円（税別）　■ 246 頁

ISBN978-4-86064-555-7 C0044

毎年、台風は日本列島を襲い、各地にさまざまな爪痕を残します。日本で暮らすうえで、台風から逃れることはできません。そんな台風を、私たちはどこまで知っているのでしょうか。観測や予測技術が発達し、台風がどの方向に進むとか、これから台風が発生するとかといった予報を私たちも手に入れることができるようになってきました。しかし、台風には多くの謎がまだまだあります。「観測」「発生」「発達」「海との関係性」「予報」「温暖化の影響」というさまざまな切り口から台風について語りつくします。

雲の中では
何が起こっているのか

荒木健太郎 著

四六並製／本体価格 1700 円（税別）　■ 344 頁

ISBN978-4-86064-397-3 C0044

地球を覆う無数の雲。地球は雲の星です。雲の中では水や氷の粒が複雑に動き、日々の天気に大きな影響を与えています。身近な存在の雲ですが、雲の中には多くの謎が残されています。研究者たちは雲について理解しようと、手が届きそうで届かない雲を必死につかもうとしているのです。雲ができる仕組みから、ゲリラ豪雨などの災害をもたらす雲、雲と気候変動との関わりまで、雲を形づくる雲粒の研究者が雲の楽しみ方をあますことなく伝えます！

雨はどのような一生を送るのか

三隅良平 著

四六並製／本体価格 1700 円（税別）　■ 308 頁

ISBN978-4-86064-512-0 C0044

「雨はどのようにして降り、降った後はどこへ行くのか？」私たちにとっては常識とも思われるこの疑問に、科学者たちはずっと悩んできました。古代の科学者は水の循環をあれこれ想像し、現在の科学者は最新の技術を駆使し、雨の一生に迫ろうとしています。　本書は、研究の歴史を通して、雨が降るまでのメカニズム、そして、降った後もつづく地球をめぐる水の旅をわかりやすく解説します。日常の「当たり前」のなかに「なぜ？」と思う気持ちが芽生える、雨をめぐるサイエンスヒストリーを楽しむ一冊。